艾米果的 *Quilt Art*
恬美拼布

艾米果 著

河南科学技术出版社

·郑州·

图书在版编目(CIP)数据

艾米果的恬美拼布 / 艾米果著.—郑州：河南科学技术出版社，2018.7
ISBN 978-7-5349-9246-9

Ⅰ．①艾… Ⅱ．①艾… Ⅲ．①布料－手工艺品－制作 Ⅳ．①TS973.5

中国版本图书馆CIP数据核字(2018)第100916号

出版发行：河南科学技术出版社
　　　　　地址：郑州市经五路66号　邮编：450002
　　　　　电话：(0371)65737028　65788613
　　　　　网址：www.hnstp.cn
策划编辑：梁莹莹
责任编辑：梁莹莹
责任校对：陈海颜
封面设计：张　伟
版式设计：司马川秀
责任印制：张艳芳
印　　刷：郑州环发印务有限公司
经　　销：全国新华书店
幅面尺寸：210 mm×260 mm　印张：12.5　字数：180千字
版　　次：2018年7月第1版　2018年7月第1次印刷
定　　价：68.00元

Preface

前言

　　这是我出版的第三本书。为收录在书中的每一个作品，精心整理图文和教程，是为自己整理过往手作作品的记忆。亦是想通过文字，遇见不曾谋面却已在手作生涯里同我相伴许久的你。你可能在另一座城市，翻看着我的书，做出令你会心一笑的作品。想到这样的画面，我忍不住嘴角上扬，心中生出满满的能量。感谢你爱我的作品，感谢你给予我继续做下去的力量。

　　许多人说，能把爱好变成事业是件特别幸福的事情。我很庆幸拥有这样弥足珍贵的幸福。就像拼布，在拼拼合合之中赋予布块全新的生命，我的生活在遇到拼布之后，也悄然幻化成一道绚烂的彩虹。拼布对我而言，像是一盏心灵的灯塔，它给予我目标、憧憬和希望，令我坚定不移地走向内心的远方。

教程绘制：孙金娟
纸型绘制：王青丽
摄　　影：段道慈
摄影助理：魏佳牛　孙银娟　张海荣　封　寒

Part 2 萌宠乐园

08 胖嘟嘟小鸡包 p.20

09 羊咩咩两用大包 p.22

10 羊咩咩手拿包 p.24

11 松鼠和小熊双肩包 ...p.25

Part 1 拼贴物语

01 正方形拼接收纳包 p.08

02 茶杯图案小包 p.10

03 十字图案手拿包 p.11

04 爱心化妆包 p.12

05 洋装图案双肩包 p.14

06 蔷薇花贴布斜挎包 p.16

07 蔷薇花斜挎手提两用包 ...p.18

Part 3 复古情怀

12 小木屋斜挎包 p.27

13 摩登女郎斜挎包 p.28

14 摩登女郎钱包 p.29

15 娇澜化妆包 p.30

16 娇澜手拿包 p.32

17 娇澜钱包 p.33

18 复古娃娃手提包 p.34

19 复古娃娃钱包 p.36

Contents

目录

教室介绍 p.52

拼布入门经典教程

1 工具介绍 p.54

2 拼布用语 p.55

3 手缝基本知识 p.56

4 基本绣法 p.58

全彩图示范教程

基础做法

紫色手拿包 p.60

进阶实践

蔷薇花贴布斜挎包 p.66

Part 4 花香鸟语

20 北欧小鸟工具包 p.38

21 林之鸟手拎包 p.40

22 珠绣花鸟手拎包 p.42

23 珠绣花鸟小包 p.43

24 紫色小苏化妆包 p.44

25 手提花篮工具包 p.46

26 紫色单肩大包 p.48

27 紫色手拿包 p.50

制作方法

How to make........... p.72

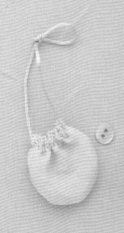

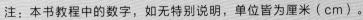

注：本书教程中的数字，如无特别说明，单位皆为厘米（cm）。

Part 1

拼 贴 物 语

这是一款特制的、船帆造型的收纳包，表布使用了正方形拼接和图案贴布。包底是打破常规的半圆形，里面设计了两层口袋，可以用来分类收纳文具、针线等。既是手边精致的小物，又美观实用。

成品尺寸：23cm×9cm

How to make p.73

茶杯图案小包 02

午后闲暇时光，一杯清新的绿茶，
一曲舒缓的音乐，一段优美的文字，
一个人，一个安静的下午。

成品尺寸：15cm×12.5cm

How to make p.74

十字图案手拿包 *03*

亮眼的黄，青翠的绿，如同温暖的阳光洒在草间、树梢。小包使用了几何构图，增添了时尚气息。

成品尺寸：23cm×15cm

How to make p.75

爱心化妆包 04

阳光透过薄雾照在塞纳河畔，给远处的埃菲尔铁塔镶上了一层金边。化一个美美的妆，去遇见那个让自己变得更美好的人。

成品尺寸：13cm×13cm×10.5cm

How to make p.76

洋装图案双肩包 05

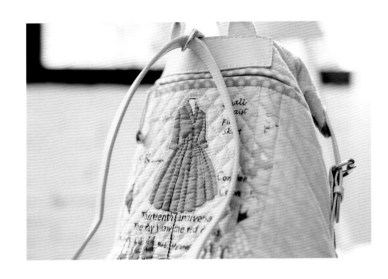

自从有了宝宝，就发现出门真是少不了一款好看又实用的双肩包。利用布料原有的图案进行巧妙地搭配，精品店的橱窗跃然眼前。一起逛街去吧！

成品尺寸：27cm×14cm×28cm

How to make p.77

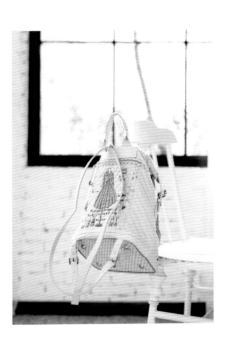

蔷薇花贴布斜挎包 06

唯美、极简的风格，清新雅致。愿你生如夏花，
在阳光最饱满的季节绽放。

成品尺寸：25cm×14.5cm×3cm

How to make p.66

蔷薇花斜挎手提 两用包 *07*

在灯火阑珊的城市待久了就会向往碧草、蓝天，还有绿叶丛中的蔷薇花，星星点点，似已燎原。

成品尺寸：42cm×15cm×26.5cm

How to make p.79

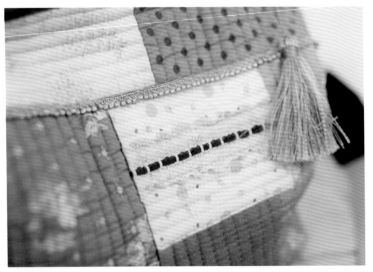

Part2

|萌宠乐园|

小鸡宝宝们刚从蛋壳中孵出来，胖嘟嘟的，可爱极了。包型设计成卡通小鸡的样子，大大提高了可爱度。

成品尺寸：20cm×8cm×11cm

How to make p.80

羊咩咩两用大包 *09*

一只羊在河边悠闲地吃草，如一朵白云在草地上飘荡。羊儿的悠闲使我心情更加舒畅，我不禁开始羡慕它的悠然自得，无拘无束。

成品尺寸：41cm×16cm×25cm

How to make p.81

羊咩咩手拿包 *10*

在童年的梦境中，有一条横跨天际的彩虹，棉白的云朵似小羊，奔跑着，一直从这头跨到那头。

成品尺寸：18cm×14cm

How to make p.83

松鼠和小熊双肩包 11

如果我有一个女儿，我会把她打扮成最美的公主，最可爱的精灵，给她满满的、快要溢出来的爱。这个作品送给自己心里的小女孩。

成品尺寸：23cm×27cm×7.5cm

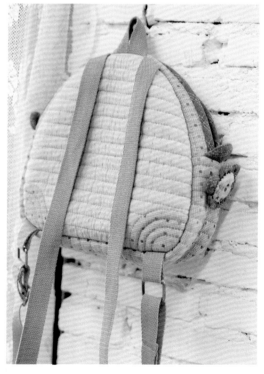

How to make p.84

Part3

|复 古 情 怀|

小木屋斜挎包 *12*

初见它，是繁花跃然的热烈。再见它，高贵的绿色丝绒缎带让它不再平凡。看似小小的身体，却又有着大大的容量。赶紧背着它去赴一场华丽的约会吧！

成品尺寸：25cm×17cm×9cm

How to make p.85

摩登女郎斜挎包13

环形的弧度拼接，佐以珠子、流苏，尽显古典之美。其间的摩登女郎图案，却又让现代感跃然眼前。这是一款容量超级大的斜挎包，让你在复古与现代中穿梭，时而优雅，时而俏皮。

成品尺寸：21cm×20cm×20cm

How to make p.86

摩登女郎钱包 14

极具民族风的色彩搭配，几何对称构图，灵感来自一次旅行。出去走走，亲眼看见的才是属于你的最美风景，去发现生活中不一样的美吧。

成品尺寸：20cm×10cm×1.5cm

How to make p.88

娇澜化妆包 15

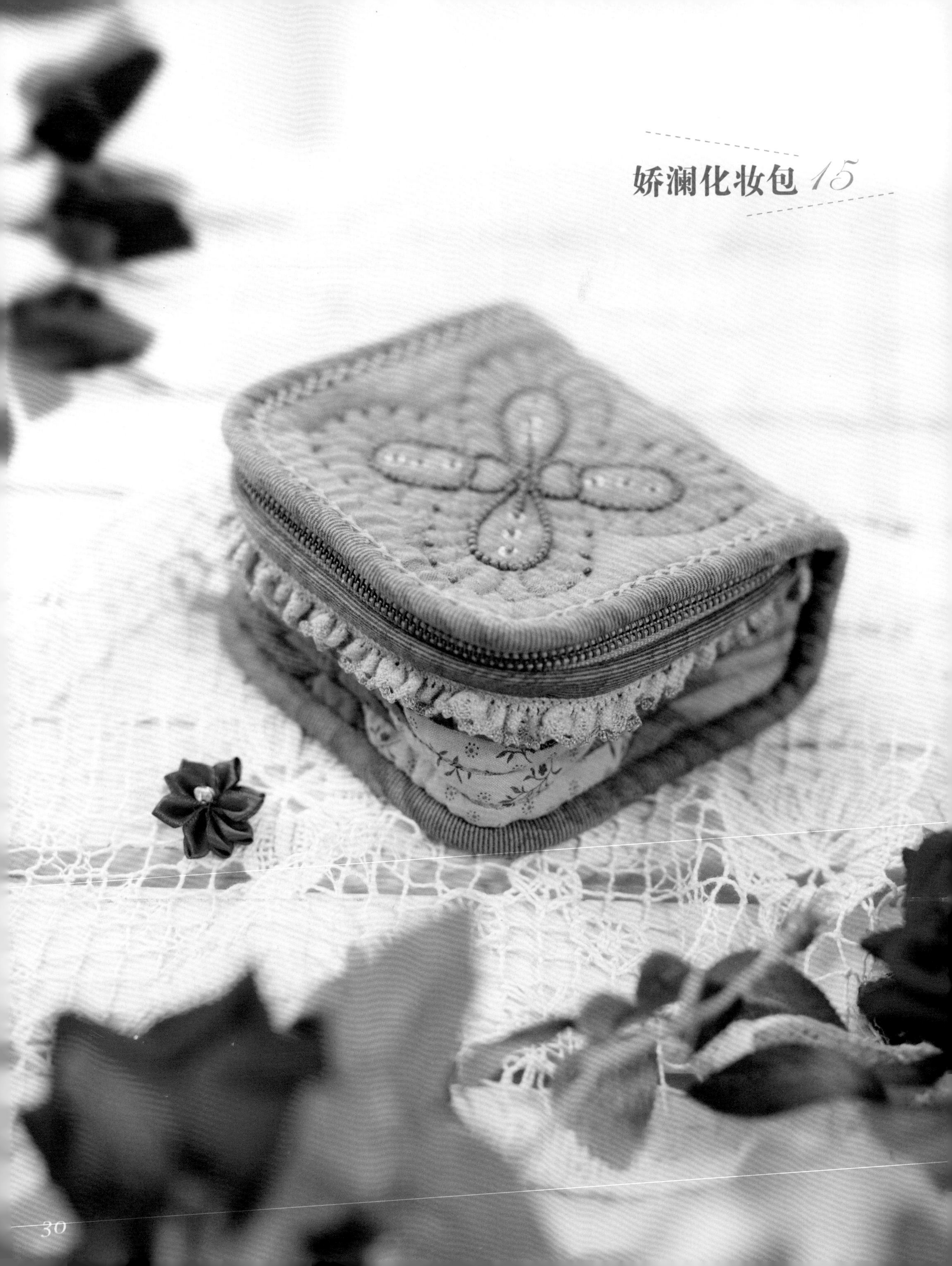

岁月静谧，安然如水，花开花自谢，叶生叶自落，或淡远，或繁华，或隽永，都是岁月真挚的馈赠，愿我们不负这韶华。这款化妆包没有闪亮的装饰，在色彩上追求质朴感，不但耐看，而且耐用。

成品尺寸：13cm×13cm×5cm

How to make p.89

娇澜手拿包 *16*

放慢脚步，停下来，赏花种植，乐活劳作。做一款小巧的复古手拿包，精致而厚重。

成品尺寸：13cm×13cm×5cm

How to make p.90

娇澜钱包 *17*

岁月极美，在于它必然流逝。
春花，秋月，夏日，冬雪，在
不断流转的岁月中把布块拼缝
成一幅风景。
此款钱包色彩雅致，设计独特，
给人耳目一新的视觉享受。

成品尺寸：20cm×10cm×1.5cm

How to make p.91

对于喜欢怀旧的人来说，复古的东西真的会让自己爱不释手，很有归属感。这个作品使用了复古图案的布料，拼接部分使用了撞色搭配。

成品尺寸：36cm×15.5cm×9cm

How to make p.92

复古娃娃钱包 *19*

旧时光从未远去，似乎童年的美丽
梦想仍然存在。重温昨日的经典，
聆听熟悉的动人旋律。

成品尺寸：20cm×10cm×1.5cm

How to make p.93

Part4

花香鸟语

北欧小鸟工具包20

斜阳掠过发梢，那衔枝而来的鸟儿，带回的可是你的消息？
美观又实用的一款工具包，外观清新可爱，内部专门设计了
放针线和其他工具的区域。

成品尺寸：18cm×18cm×5cm

How to make p.94

林之鸟手拎包 21

鸟一叫，山就醒了过来。香樟、玉兰、冬青、法桐、枫树 ……山林里的树木也纷纷挺直腰杆，迎接清晨。第一缕阳光刚刚过地平线，还没照到林间，推开窗户，清新的空气夹着绿叶的芬芳扑鼻而来。

成品尺寸：35cm×17cm×15cm

How to make p.95

花开在草丛，鸟落在枝头，云浮在头顶，
人走在林荫小道上。
没有浮尘，没有汽车尾气，林子里满是叶
子生长的芬芳。

成品尺寸：28cm×15cm×13cm

How to make p.97

珠绣花鸟小包 *23*

延续复古风格，配以珠绣图案和流苏，
增加精致度。

成品尺寸：17cm×8cm×5cm

How to make p.99

花田拾野，是童年稚子的乐趣。竹篮倾泻而出的花，点缀了小小的时光。梦回年少，光脚，采花，说不尽的闲话。

成品尺寸：24cm×12cm×10cm

How to make p.100

夏天刚到，便迫不及待地翻出碎花连衣裙，背上
这款包，粉嫩、鹅黄、翠绿……暖阳下，让我们不
负好时光。

成品尺寸：22cm×22cm×18cm

How to make p.101

紫色单肩大包 *26*

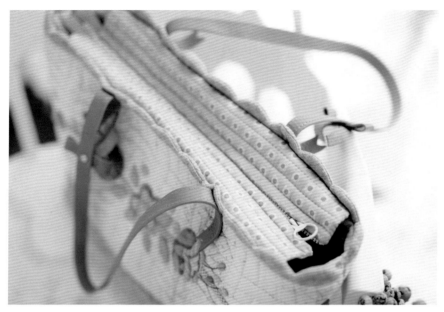

浪漫的紫，柔和的粉，清浅的绿，都是
我钟爱的颜色。在阳光下，如同蒙上了
一层光晕，如梦似幻，满满的少女心。

成品尺寸：40cm×26cm×13cm

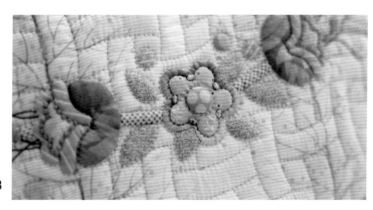

How to make p.103

紫色手拿包 *27*

仿佛置身法国南部的普罗旺斯，那遍地的
薰衣草，既不热情奔放，也不深沉忧郁，
那是诉说着"等待爱情"的色彩。

成品尺寸：20cm×11.5cm×3cm

How to make p.60

教室介绍 在拼布的世界，遇见更好的自己。

教室心语

从决定开设教室的那一刻起，便在内心勾勒出了它的模样。而后教室的每一处细节，都在尽可能地贴近最初的期许。每每踏进教室，迎接我的总是落地窗边那一缕缕探头微笑的阳光，映得房间里的一切都有了一层温柔而朦胧的光晕。拾起针线，为布包上那只贴缝好的水蓝色鸟儿绣上灵动的眼睛。刚好微风经过，洁白的蕾丝窗帘乘风轻舞，帘边浓情绽放的花儿也随之含笑点头。在舒缓悠扬的音乐里，热爱手作、心存美好的女子们围桌而坐，一针一线中，一言一语间，尽是明媚的暖意。

拼布，从喜欢到深爱，赋予我的是一种完全自发涌动的创作热情，让我时刻感知生活里一切美的事物。自然中独特的色彩组合，一花一鸟轻灵的姿态，某块布料上一个有趣的图案，抑或是一个特别的日子。特别的心境，带给我创作的灵感。

我会及时记录每一个在脑海中灵光一现的好主意，而后进行构思、图稿绘制、版图改良，并在制作过程中不断优化作品的细节。我为纽扣周围的区域设计刺绣图案，在拉链末端制作包扣装饰，给贴布图案上唯美的裙边缝上纱制花边，为一朵浓情绽放的花儿嵌上闪亮的串珠花蕊……我挚爱并追寻着作品每一处的细节之美。

有趣的课程研发

完善的课程体系是实现优良教学成效的核心条件，因而我坚持设计专业性、系统性、细致性的课程。除拼布专项课程外，刺绣、彩绘等手工艺也能扩充知识，是实现更快的成长、触动更多灵感的良好途径。教室未来会用心打造丰富多维的课系，让更多的手作爱好者在学习技法的同时，能够开发出自己的创造力。目前教室已面向全国范围开设拼布课程。

北京

西安

苏州　广州

参展剪影

教室多次受邀参加上海、郑州等地的拼布展，荣幸之余，亦期望通过这样优质的平台，让更多的人了解拼布这样一门颇具底蕴的艺术，让一些有浓厚兴趣却学习无门的爱好者，有深度学习交流的机会。

读者见面会上，面对不同年龄却同样热爱拼布的读者朋友，像是相识已久的老友，全无陌生之感，尽是亲切之意。

在读者见面会上签售

2017 年 5 月，郑州拼布展

难忘的游学之旅

研习拼布多年，最大的心得便是要懂得"感知"：到精华汇集的领域，赏析优秀的作品，吸取绝佳的创意，研修精湛的技法，将所感所知，融会贯通，升华自身特质。这也是近年开始组织学生游学参展的用意。旅途中和同学们一起，逛展扫货，参观名师教室，共同交流学习，相伴成长蜕变，是一件分外幸福的事情。

2017 年 10 月，上海拼布展

参加日本名师小仓幸子研习课　　参观日本名师加藤礼子教室

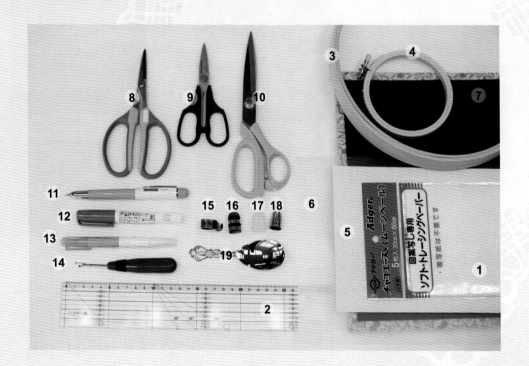

1 工具介绍

1 布用复写纸：用于描图，纸质半透明，可以看
清底布的花纹，方便裁剪出需要的图案。

2 拼布尺：印有方格或平行线的拼布专用尺，用于
制图及在布料上描画直线，可准备长、短各一把，
使用较为方便。

3 压线框：用于大型作品的压线。

4 刺绣框：刺绣作品时使用。

5 制图纸：用于绘制纸型。

6 半透明磨砂板：用于制作纸型，方便选取布料
上的图案。

7 画布板：一面是粗糙面，在上面画布时不会滑动；
另一面是布料质地，可作为熨烫板。

8 剪布用剪刀：用于裁剪布料。

9 剪线用剪刀：用于剪断缝线、剪牙口。

10 剪纸用剪刀：用于制作纸型。

11 布用铅笔：用于在布料上画图案或做记号。

12 布用口红胶：涂于布的表面，在一段时间内
有比较强的黏合效果，起暂时固定的作用。

13 水消笔：用于在布料上画图案或做记号，喷
水即可消失，可以跟布用渗透纸配合使用。

14 拆线器：用于拆除缝线。

15 指环式切线器：套在左手拇指上，切线时使
用。

16 乳胶指套：用于拔针。

17 指甲顶针：拼布压线时，佩戴在右手中指上，
方便推针，保护手指。

18 金属顶针：套在右手中指上使用，金属制造，
即使推动缝针，指尖也不会疼痛。

19 勺子：疏缝时使用，辅助接针。

20 压线针：用于压线，短小、坚硬。

21 贴布针：用于贴缝布块，针尖锐利。

22 手缝针：用于布块拼缝，长且细。

23 疏缝针：用于疏缝，长且粗。

24 刺绣针：用于在布料上刺绣，长且粗。

25 珠针：一端带有圆形珠头的针，比较细。

26 贴布用线：用于贴缝布块，细且结实。

27 压线用线：用于压线，有一定的硬度。

28 手缝用线：用于拼接，细且结实。

29 疏缝线：用于疏缝固定，柔软且易拽断。

30 绣线：刺绣用的线，在作品表面装饰。

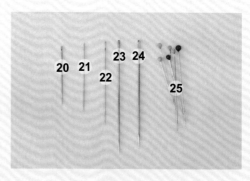

2 拼布用语

表布：完成品的表面布。

里布：完成品的里面的布或者壁饰背面的布。

坯布：压线时铺棉下面放的一层布。压线之后另外加里布或者内袋。坯布不会显露在外面。

返口：两片布缝合后，为翻回正面所留的开口。

合印：布与布拼接时，在合对位置所做的记号。

缝份：布块完成尺寸之外，为缝合所留的多余布宽，若未特别说明皆为 0.7cm。

完成线：作品完成时的线。

缝份线：加了缝份之后的线。

牙口：两片布缝合后，在缝份处剪开的小口，可使翻回正面时弧度比较漂亮、不紧绷。

落针压线：沿着布块拼缝处或贴布图案的轮廓边所做的三层压线，使图案更有立体感。

铺棉：布与里布中间的棉，能使拼布作品更加厚实，压线后有立体感。有无胶的铺棉，也有带胶的铺棉。带胶的铺棉用熨斗熨烫就能粘在布上，省去了疏缝的步骤。根据教程的指导选择合适的铺棉。

疏缝：用线暂时固定的缝合，也叫假缝，完成作品后拆除。

三层压线：在表布和里布的中间放入铺棉，按照表布（正面朝上）、铺棉、里布（正面朝下）的顺序重叠好，用针线把三层缝合固定（缝合时固定即可，不可拉扯过紧），可因缝合造成立体效果。

缝份倒向：布块拼接后，缝份倒向一侧，方便熨平。

毛边：布块裁剪后未处理的布边毛端。

打结

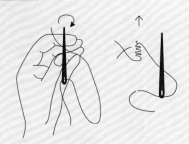

把针放到左手食指上，右手用线在针上绕两三圈，再用右手捏住线往上拉，捻一下就形成了结。

起针、收针

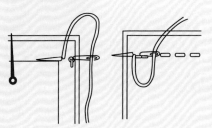

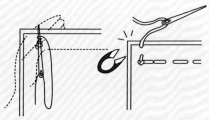

（1）起针时要回针缝一次，收针时也要回针缝一次。

（2）在止缝点将线在针上绕两三圈，左手按住线环，右手捏住针向上拉，形成一个结。最后剪断线头。

珠针的使用

错误的方法

正确的方法

珠针与布边垂直插入，既不妨碍缝制，也不用担心会伤到手。

疏缝

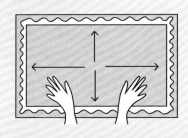

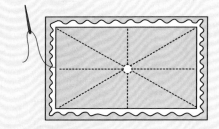

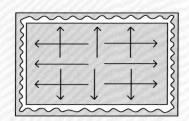

疏缝：在压线之前用疏缝线固定面料，由中心向四周疏缝。
大件作品呈放射状疏缝，小件作品呈棋盘状疏缝。疏缝时针要穿透表布、里布、铺棉。

压线

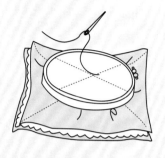  

（1）把拼布需要压线的部分放到压线框上，绷起，注意不要绷得太紧。
（2）从中心向四周压线。
（3）压线时左手在下，右手在上。
（4）每厘米缝三四针，每针都是垂直下针，穿透三层，轻拽线结，使之隐藏到铺棉中间。

直角包边

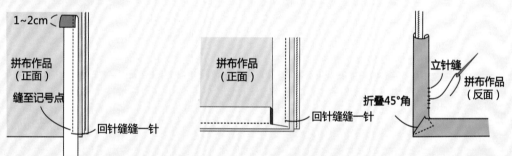

1~2cm
拼布作品（正面）
缝至记号点
回针缝缝一针
拼布作品（正面）
回针缝缝一针
折叠45°角
立针缝
拼布作品（反面）

包边起头处先内折 1~2cm，缝至记号点后向上翻起，重新折叠布边，然后再由记号点继续缝制，最后将头尾叠合，修剪多余包边布，再以立针缝固定。

手缝方法

【藏针缝】

缝合返口时使用，从外表看不到针脚。

【平针缝】

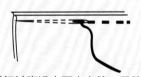

以细针脚沿水平方向缝，是缝合布块时使用的基本方法。

【卷针缝】

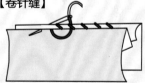

连接两块布时或者为了不让布开线时常用的缝法。

【星止缝】

第二针重叠前一针的针脚的三分之一再缝合一次的缝法，通常在包边、缝合拉链时使用。

【回针缝】

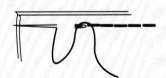

第二针重叠前一针的针脚再缝合一次的缝法，通常在组合包体时使用。

【立针缝】

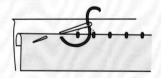

适用于贴布或拉链布边固定。

4 基本绣法

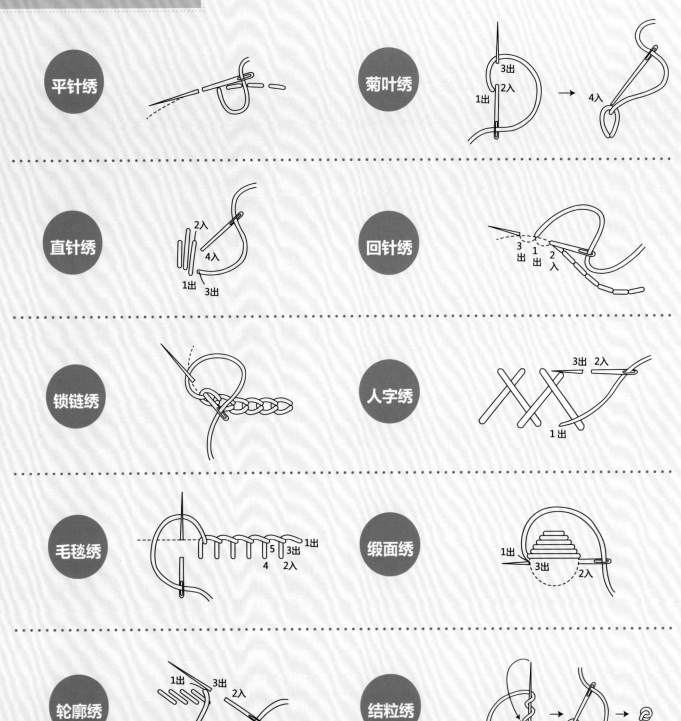

平针绣

菊叶绣
3出
1出 2入 → 4入

直针绣
2入
4入
1出
3出

回针绣
3出 1出 2入
2入

锁链绣

人字绣
3出 2入
1出

毛毯绣
5出 3出 1出
4 2入

缎面绣
1出
3出 2入

轮廓绣
1出 3出 2入

结粒绣
2入
1出

全彩图示范教程

基础做法
✿ 紫色手拿包

参见纸型 D 面，作品图在 p.50、p.51

一 制作拼布部分

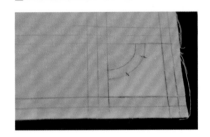

1 用磨砂板制作纸型 A、B。把纸型 A 放在所选的布料反面，沿着纸型边缘画出完成线。在完成线周围留 0.7cm 缝份，画出裁剪线。最后在布上画出 2 个合印。

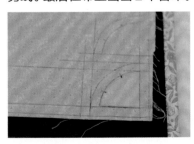

2 把纸型 B 放在所选的布料反面，用同样方法画出完成线、裁剪线、合印。

3 用同样方法制作出纸型 C、D，在所选布料反面画出完成线、裁剪线。沿裁剪线剪下所有的布块，如图所示按照配色摆放好。

4 取一块布料 A 和一块布料 B，正面相对重叠，用珠针固定两端和 2 个合印点。然后在每两根珠针之间再固定一根珠针。

5 取针线将两块布沿着完成线端到端缝合。注意缝合弧线需要细密的针脚。

6 正方形布块缝合完成。在反面缝份上剪少许牙口，注意千万不要剪到缝合线。

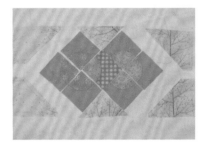

7 将所有正方形布块都缝好之后，如图所示摆放好。

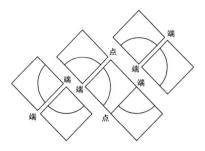

8 按照图示先将正方形缝合成3组。

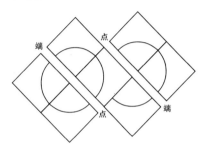

9 再将3组布块按照图示缝合在一起。

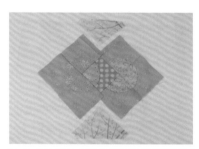

10 3组布块缝好之后，再取2块布块C如图放在上下两侧。取一块布块C，如图所示把一条短边和正方形布块的边对齐，两块布正面相对，从外侧向内侧端到点缝合。

11 把另一条短边和左边正方形布块的边对齐，两块布正面相对，从内侧向外侧点到端缝合。

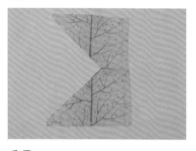

12 将右侧的上、下两块布料D缝合在一起。左侧布块用同样方法缝合在一起。

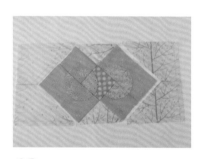

13 按照图示将右侧布块、左侧布块分别和中间的布块缝合在一起。

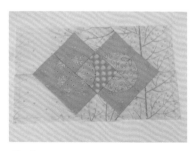

14 拼布部分制作完成。

二 制作贴布部分

1 制作花茎（细边条贴布）

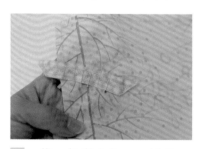

■1 裁一条宽1.3cm、长6cm的布条（沿布边的45°斜裁），在反面距离两侧边缘0.3cm处画出缝合线。沿着缝合线用珠针把布条固定在需要贴布的地方，用平针缝缝合。

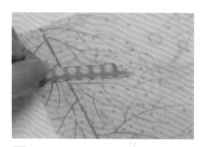

■2 在正面距离未缝合的那侧边缘0.3cm处画出缝合线。

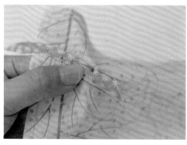

■3 用针尖将缝份向内塞入，用立针缝将这一侧也缝合在底布上。

2 制作花朵（V形贴布）

1 剪下花朵部分的贴布布块，将V形部分剪出牙口，注意不要剪到缝线。

2 将贴布布块用珠针固定在相应的位置上。

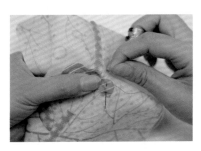

3 用立针缝将贴布布块缝合到表布上。缝到V形部分的时候，用针尖将右侧的缝份向内塞入并缝合，再将左侧的缝份向内塞入并缝合。V形尖角处没有缝份，所以会有一两针的线迹露出，这里针脚尽量小一点。

4 贴布和其他贴布重叠的部分先不要缝合。

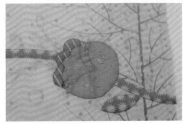

5 按照从底层到上层的顺序完成其他贴布布块。

3 制作花苞（立体花）

1 剪出直径3cm的圆形布块。

2 按照图示折叠布块。

3 用平针缝缝合下端。

4 收紧线，打结固定。

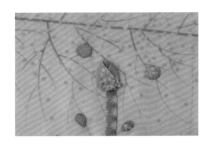

5 把立体花苞缝合固定在表布上。

4 制作叶子（曲线及尖角贴布）

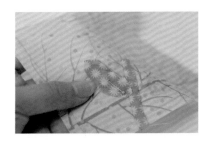

1 像叶子这样的贴布形状需要贴缝曲线及尖角部分。先从贴布较平缓的曲线部分开始，用针尖向内塞入缝份，并用立针缝缝合在表布上。

2 顺着曲线缝合至前端尖角处。

3 尖角处的缝份分两次塞入内侧并缝合。

4 继续用立针缝缝合曲线部分，直到全部缝完。

5 根据上面的做法，完成所有贴布部分。

三 疏缝、压线

1 拼布部分作为前片表布，贴布部分作为后片表布，把两块表布缝合在一起。

2 反面的缝份倒向如图所示。

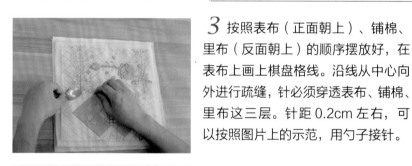

四 刺绣装饰

1 在圆形拼布周围绣上毛毯绣、结粒绣。

2 在细花茎的位置绣上轮廓绣。

3 按照表布（正面朝上）、铺棉、里布（反面朝上）的顺序摆放好，在表布上画上棋盘格线。沿线从中心向外进行疏缝，针必须穿透表布、铺棉、里布这三层。针距 0.2cm 左右，可以按照图片上的示范，用勺子接针。

4 将侧边按照表布（正面朝上）、铺棉、里布（反面朝上）的顺序摆放好，在表布上画上平行线，用同样的方法沿线进行疏缝。

五 制作包口波浪边

1 按纸型在布的反面画出波浪边图形。按照表布（正面朝下）、里布（正面朝上）、铺棉的顺序摆好，缝合波浪线部分。

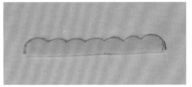

2 紧贴着缝线剪掉多余的铺棉，凹角处剪牙口，注意不要剪到缝线。

3 翻至正面，在距离未缝合的那条边 0.7cm 处画出缝合线，备用。

六 制作挂耳

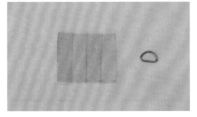

1 裁剪一块 4cm×4cm 的布块，如图所示画上折叠线。

2 把布块的两侧向中间折。

3 缝合边缘，对折后穿过 D 环，疏缝固定一下备用。

七 组合包体

1 把波浪边按照图示放在表布正面，包口部分毛边对齐，如图所示缝合在一起。

2 将波浪边的缝份内折并疏缝固定，注意缝线不要穿到表布上。布包的主体部分完成。

3 把挂耳放在相应位置并缝合固定。

4 侧边和主体部分对齐合印，用夹子夹在一起。

5 用回针缝缝合固定，缝好后取下夹子。

6 将侧边顶端的缝份如图所示固定在两边表布上。

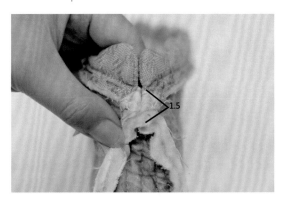

八 缝合拉链

1 如图所示在距离包口左端 1cm、距离上边缘 1.5cm 处，用珠针固定拉链。

2 用星止缝把拉链缝合在包体上。

3 拉链尾端如图所示处理。

4 拉链头端如图所示处理。

九 装饰拉链

1 取一根绳穿过拉链环，缝几针固定。

2 把装饰花朵和纽扣缝合在绳子上。

3 拉链装饰完成。

十 缝合内袋

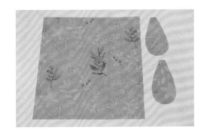

1 按照图纸裁剪布块。

2 参考包体的组合方法，把布块缝合组成内袋。

3 把内袋放进表袋里面，袋口的缝份向内折，用珠针固定。

4 把内袋用立针缝缝合在拉链上。

5 制作完成。

进阶实践

🌸 蔷薇花贴布斜挎包

参见纸型 A 面，作品图在 p.16、p.17

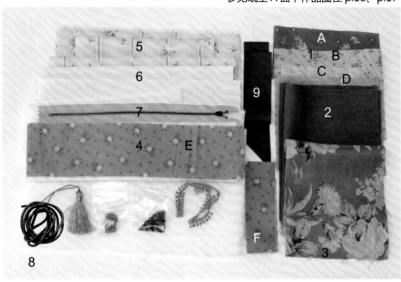

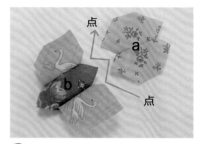

3 然后把 a 组布和 b 组布按照图示点到点缝合。

4 a 组布和 b 组布缝合完后，反面的缝份先不用处理。

材料

1 印花棉布 A、B、C、D 各适量

2 棉麻布 30cm×38cm（深绿色底布）

3 印花棉麻布 30cm×15cm（外袋表布）

4 印花棉布 E 5.5cm×55cm（侧边布），印花棉布 F 3.5cm×30cm（包边布）

5 棉布 50cm×110cm（里布）

6 厚衬 50cm×60cm，薄衬 50cm×100cm

7 拉链 30cm

8 配件装饰：蜡绳 60cm，流苏，磁扣（1.5cm），金色珠子适量，金色花边30cm

9 棉布 3.5cm×60cm（包边布）

1 用硬纸制作好纸型，剪出所有需要的布块，如图所示按照配色摆放好。

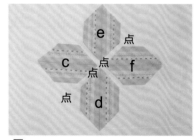

5 c 布与 d 布点到点缝合为一组，e 布与 f 布点到点缝合为一组。

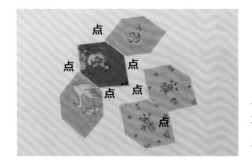

2 如图所示，将 2 块绿色布点到点缝合（a 组），再将 2 块黄色布和 1 块棕色布点到点缝合（b 组）。

6 再将这两组布点到点缝合。

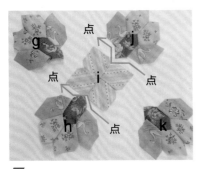

7 如图所示拼缝完 5 组布块之后，将 h 组布和 j 组布分别按照箭头方向和 i 组布点到点缝合。

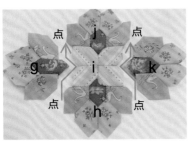

8 g 组布和 k 组布分别按照箭头方向和 i 组布点到点缝合。

9 翻到反面，缝份呈风车倒向，用熨斗熨烫（顺着缝份倒的方向熨烫）。

10 烫好之后的正面如图所示。

11 烫好之后的反面如图所示。

12 把布料放在软垫上，用工具沿着四周的缝份压出折痕。

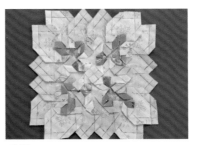

13 压出折痕后，布料会向内凹，这样比较容易把毛边折向布料反面。

14 翻到正面，把毛边折向布料反面，沿着折痕熨烫。

15 用珠针把拼布块固定在底布上。

16 用立针缝将拼布块缝在底布上。

17 缝完后，剪去拼布块后面重叠的底布布块。前片表布完成。

18 参考 p.63，将表布、铺棉、坯布三层一起疏缝、压线。完成前片。

19 在压完线的前片缝上金色珠子。

20 用印花棉麻布按纸型剪下外袋表布，加上铺棉、坯布，将三层一起疏缝、压线，缝上花边。在外袋袋口包边。

21 用绿色布按纸型剪下后片表布、侧边表布，分别加上铺棉、坯布，将三层一起疏缝、压线，完成后片、侧边。外袋重叠放在后片上面，如图所示把外袋疏缝在后片上。

22 按照图纸在对应的位置上缝上磁扣。

23 用夹子将前片、后片、侧边固定在一起，用半回针缝缝合。

24 用藏针缝将蜡绳缝合在包体上。

25 蜡绳缝合完毕。

26 在侧边距离包口 1cm 的位置缝上挂耳。

27 用包边条把包口一圈包边。先把包边条和包体正面相对，将毛边对齐，用珠针固定。

28 用星止缝将包边条缝在包体上。

29 缝一圈回到开始的时候，包边条的末端如图所示和头端重叠。

30 将包边条的末端和头端用藏针缝缝合在一起。

31 把包边条翻折到里布上，毛边内折，用立针缝固定在里布上。

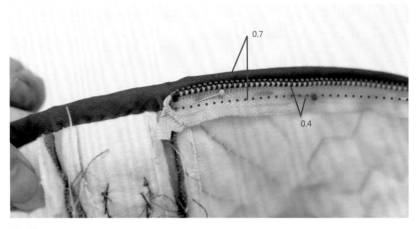

0.7

0.4

32 缝合拉链。如图所示放置拉链，从红线处开始缝合，缝合线跟包边下端对齐。

33 缝好一边之后，再缝合另一边。

34 拉链尾端按照图示处理。

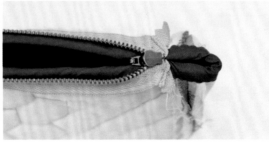

35 拉链头端按照图示处理。布包的表袋完成。

制作内袋

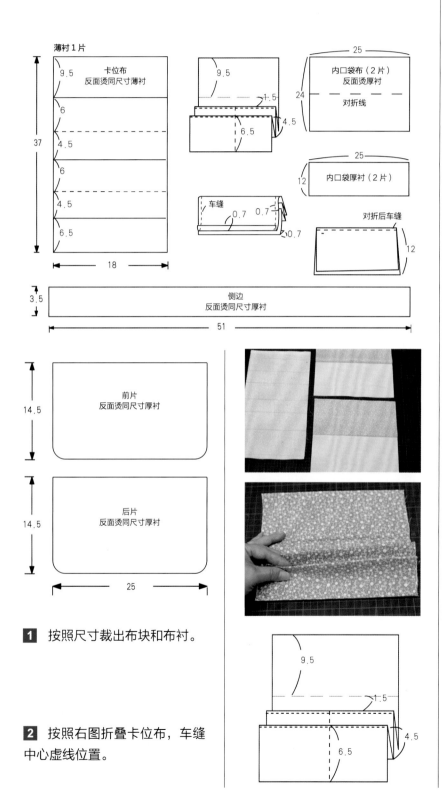

薄衬1片

卡位布
反面烫同尺寸薄衬

9.5
6
4.5
6
4.5
6.5
37
18

9.5
1.5
6.5
4.5

内口袋布（2片）
反面烫厚衬
对折线
25
24

内口袋厚衬（2片）
25
12

车缝
0.7 0.7
0.7

对折后车缝
12

侧边
反面烫同尺寸厚衬
3.5
51

前片
反面烫同尺寸厚衬
14.5

后片
反面烫同尺寸厚衬
14.5

25

1 按照尺寸裁出布块和布衬。

2 按照右图折叠卡位布，车缝中心虚线位置。

9.5
1.5
6.5
4.5

车缝
0.7 0.7
0.7

3 车缝卡位布两边。

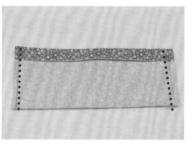

4 车缝好后，翻到正面。

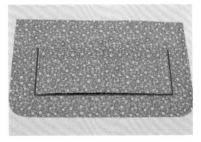

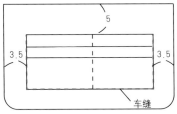

5   把卡位布放在后片里布上，车缝红线位置。

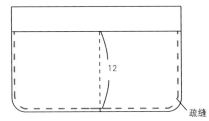

6   把一块内口袋布缝到前片里布上，并缝合分割成2个口袋。

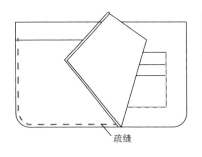

7   把另一块内口袋布覆盖在卡位布上，按照红线位置疏缝固定在后片里布上。

8   两块内口袋布都缝好后，把前片里布、后片里布和侧边里布一起缝合成内袋。

9   把内袋套在表袋里面。

10   把内袋的缝份内折，立针贴缝在拉链缝合线上，把包体翻到正面，加上流苏，制作完成。

制作方法
How to make

每个作品中标注用的面料数量为大概数量，可根据个人喜好增减。针、线、坯布、包边条、布衬等为拼布常用材料，不再一一标注。

本书制作图中的数字，如无特别说明，单位皆为厘米（cm）。

如无特殊说明，贴布缝份为0.3~0.5cm，拼缝布块缝份为0.7cm。

本书中的作品一般是压完线后再进行刺绣，为了不影响作品内侧的美观，大家要把线结打小一些，然后把线头拉进铺棉里藏好。

正方形拼接收纳包

◆ 参见纸型A面

成品尺寸：23cm×9cm
主要材料：7种左右面料、里布40cm×40cm、20cm拉链1条、铺棉、刺绣线、25cm花边、包扣等

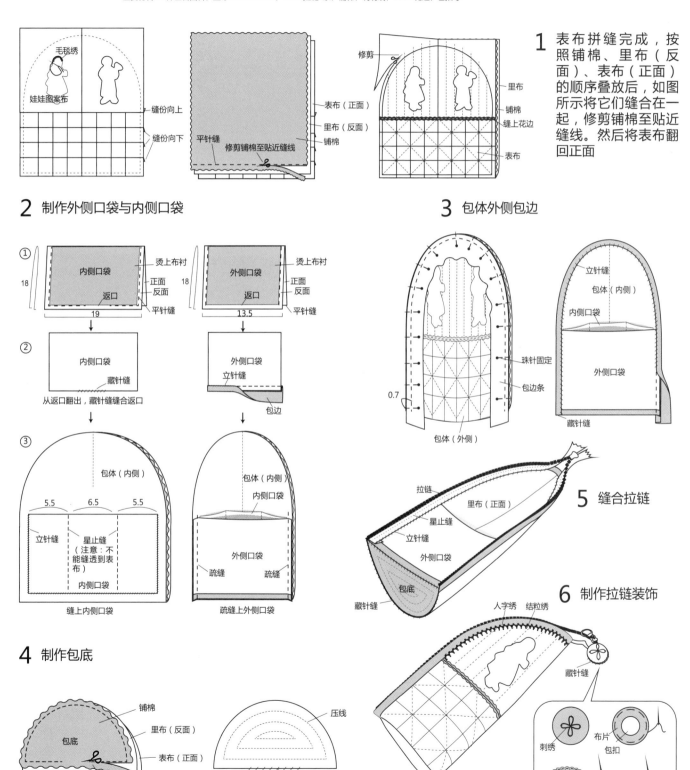

1 表布拼缝完成，按照铺棉、里布（反面）、表布（正面）的顺序叠放后，如图所示将它们缝合在一起，修剪铺棉至贴近缝线。然后将表布翻回正面

2 制作外侧口袋与内侧口袋

3 包体外侧包边

4 制作包底

5 缝合拉链

6 制作拉链装饰

p.10 茶杯图案小包

◆ 参见纸型A面

成品尺寸：15cm×12.5cm
主要材料：5种左右面料、里布20cm×30cm、15cm拉链1条、铺棉

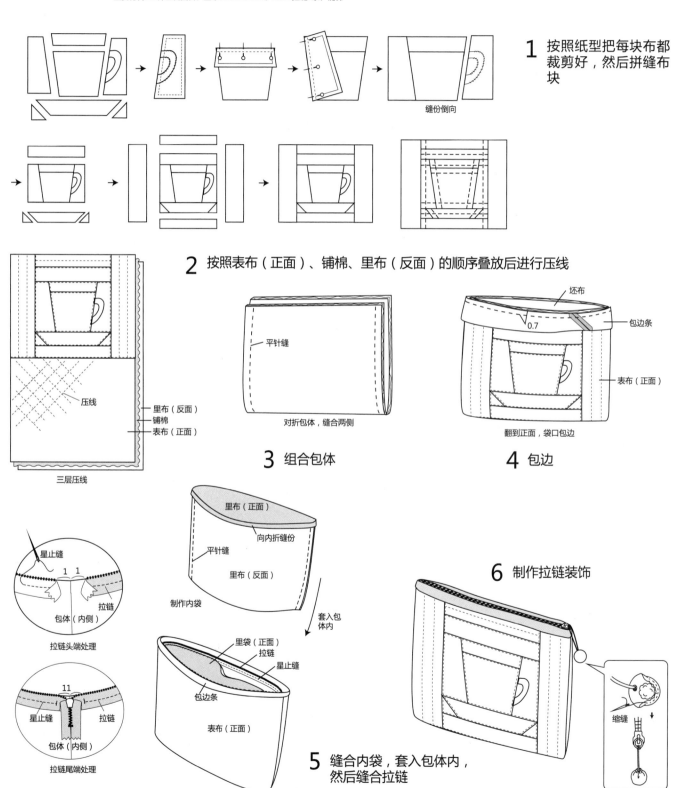

1 按照纸型把每块布都裁剪好，然后拼缝布块

缝份倒向

2 按照表布（正面）、铺棉、里布（反面）的顺序叠放后进行压线

平针缝

对折包体，缝合两侧

3 组合包体

坯布

0.7

包边条

表布（正面）

翻到正面，袋口包边

4 包边

里布（反面）
铺棉
表布（正面）

压线

三层压线

星止缝

1 1

拉链

包体（内侧）

拉链头端处理

11

星止缝

拉链

包体（内侧）

拉链尾端处理

里布（正面）

向内折缝份

平针缝

里布（反面）

制作内袋

套入包体内

里袋（正面）

拉链

星止缝

包边条

表布（正面）

5 缝合内袋，套入包体内，然后缝合拉链

6 制作拉链装饰

缩缝

p.11　十字图案手拿包

成品尺寸：23cm×15cm
主要材料：15种左右面料、里布25cm×35cm、20cm拉链1条、1.5cm包扣、1cmD环2个、铺棉等

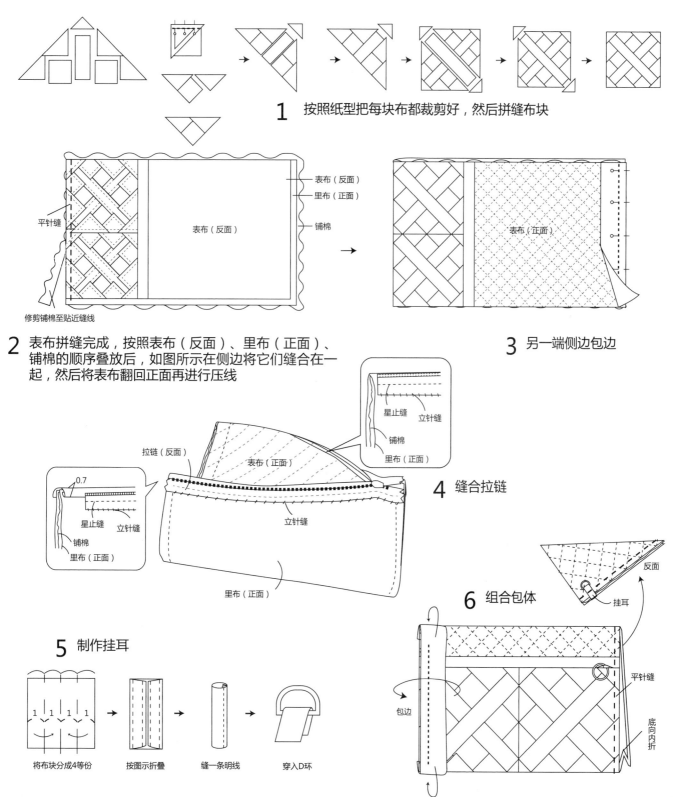

1 按照纸型把每块布都裁剪好，然后拼缝布块

表布（反面）
里布（正面）
铺棉
表布（反面）
平针缝
修剪铺棉至贴近缝线

2 表布拼缝完成，按照表布（反面）、里布（正面）、铺棉的顺序叠放后，如图所示在侧边将它们缝合在一起，然后将表布翻回正面再进行压线

表布（正面）

3 另一端侧边包边

星止缝
立针缝
铺棉
里布（正面）

4 缝合拉链

拉链（反面）
表布（正面）
立针缝
0.7
星止缝
立针缝
铺棉
里布（正面）
里布（正面）

5 制作挂耳

将布块分成4等份
按图示折叠
缝一条明线
穿入D环

6 组合包体

反面
挂耳
平针缝
包边
底向内折

爱心化妆包

◆ 参见纸型A面

成品尺寸: 13cm×13cm×10.5cm
主要材料: 10种左右面料、里布25cm×25cm、20cm拉链1条、50cm缎带、铺棉、包扣等

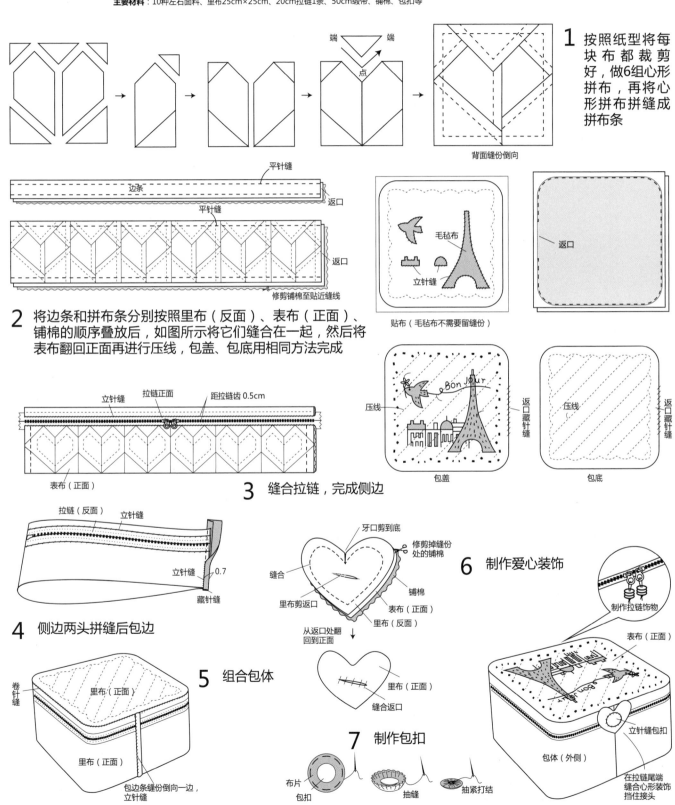

1 按照纸型将每块布都裁剪好,做6组心形拼布,再将心形拼布拼缝成拼布条

背面缝份倒向

2 将边条和拼布条分别按照里布(反面)、表布(正面)、铺棉的顺序叠放后,如图所示将它们缝合在一起,然后将表布翻回正面再进行压线,包盖、包底用相同方法完成

平针缝
边条
返口
平针缝
返口
修剪铺棉至贴近缝线

贴布(毛毡布不需要留缝份)
毛毡布
立针缝

压线
返口藏针缝
包盖
压线
返口藏针缝
包底

3 缝合拉链,完成侧边

立针缝
拉链正面
距拉链齿0.5cm
表布(正面)

4 侧边两头拼缝后包边

拉链(反面)
立针缝
立针缝
0.7
藏针缝

牙口剪到底
修剪掉缝份处的铺棉
缝合
铺棉
里布剪返口
表布(正面)
里布(反面)
从返口处翻回到正面
里布(正面)
缝合返口

6 制作爱心装饰

制作拉链饰物
表布(正面)

5 组合包体

卷针缝
里布(正面)
里布(正面)
包边条缝份倒向一边,立针缝

7 制作包扣

布片
包扣
抽缝
抽紧打结

立针缝包扣
包体(外侧)
在拉链尾端缝合心形装饰挡住接头

洋装图案双肩包

◆ 参见纸型B面

成品尺寸：27cm×14cm×28cm

主要材料：20种左右面料、里布50cm×110cm、内袋布适量、20cm拉链3条、35cm拉链1条、铺棉、绣线、1.5cm包扣2个、提手1组、皮搭扣2组、皮片、D环、脚钉、蜡绳等

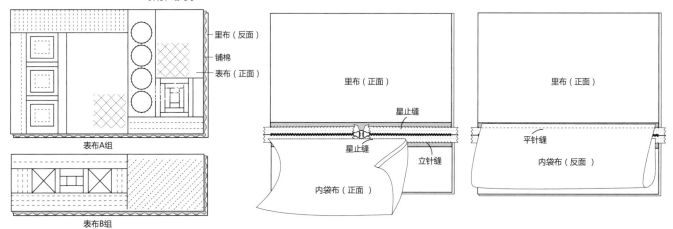

表布A组

表布B组

里布（反面）
铺棉
表布（正面）

里布（正面）
星止缝
星止缝
立针缝
内袋布（正面）

里布（正面）
平针缝
内袋布（反面）

1 前片表布A组、B组分别拼缝完成，按照表布（正面）、铺棉、里布（反面）的顺序叠放后进行压线，最后按尺寸精确剪裁

2 A组、B组分别包边，然后缝合拉链和内袋

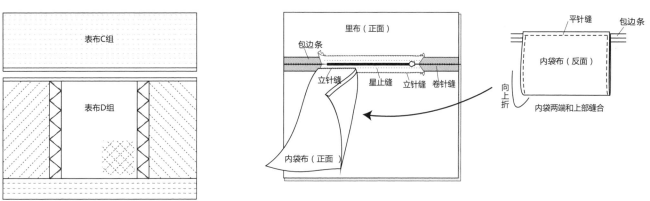

表布C组

表布D组

里布（正面）
包边条
立针缝
星止缝
立针缝
卷针缝
内袋布（正面）

平针缝
包边条
内袋布（反面）
向上折
内袋两端和上部缝合

3 后片表布C组直接裁下，D组拼缝完成，按照表布（正面）、铺棉、里布（反面）的顺序叠放后进行压线，最后按尺寸精确剪裁

4 C组、D组分别包边，然后缝合拉链和内袋

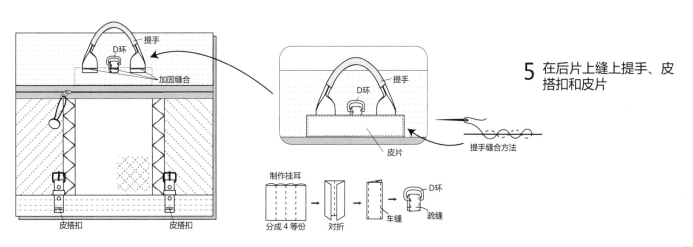

提手
D环
加固缝合

皮搭扣　皮搭扣

提手
D环
皮片

提手缝合方法

5 在后片上缝上提手、皮搭扣和皮片

制作挂耳
分成4等份　对折　车缝
D环
疏缝

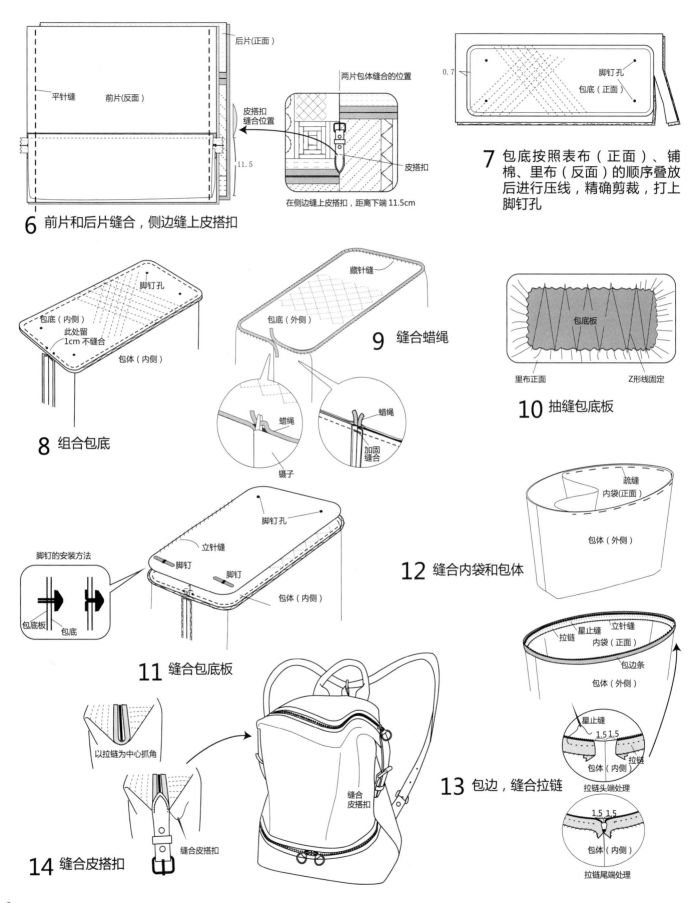

后片(正面)

平针缝　　前片(反面)

两片包体缝合的位置

皮搭扣缝合位置

11.5

皮搭扣

在侧边缝上皮搭扣，距离下端11.5cm

6 前片和后片缝合，侧边缝上皮搭扣

0.7

脚钉孔

包底（正面）

7 包底按照表布（正面）、铺棉、里布（反面）的顺序叠放后进行压线，精确剪裁，打上脚钉孔

脚钉孔

包底（内侧）

此处留1cm不缝合

包体（内侧）

8 组合包底

藏针缝

包底（外侧）

蜡绳

蜡绳

加固缝合

镊子

9 缝合蜡绳

包底板

里布正面　　Z形线固定

10 抽缝包底板

脚钉孔

立针缝

脚钉

脚钉

包体（内侧）

脚钉的安装方法

包底板　包底

11 缝合包底板

以拉链为中心抓角

缝合皮搭扣

14 缝合皮搭扣

缝合皮搭扣

疏缝

内袋(正面)

包体（外侧）

12 缝合内袋和包体

星止缝　立针缝

拉链

内袋（正面）

包边条

包体（外侧）

星止缝

1.5 1.5

包体（内侧）　拉链

拉链头端处理

1.5 1.5

包体（内侧）

拉链尾端处理

13 包边，缝合拉链

78

蔷薇花斜挎手提两用包

◆ 纸型按教程内所标尺寸绘制

成品尺寸：42cm×15cm×26.5cm
主要材料：10种左右面料、里布60cm×110cm、45cm拉链1条、15cm拉链1条、铺棉、提手1组、花边、蜡绳等

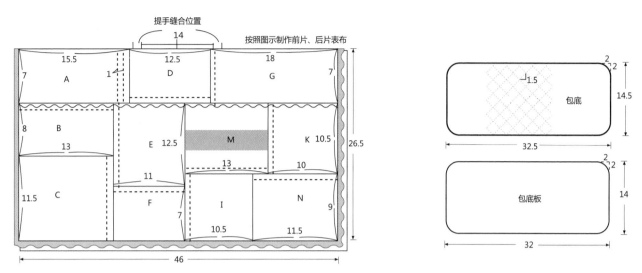

提手缝合位置
14
按照图示制作前片、后片表布
15.5　　12.5　　18
7　A　　1　D　　G　　7
8　B
13　E 12.5　M　K 10.5　26.5
11.5　C　F　11　13　10　I　N
7　10.5　11.5　9
46

2
2
1.5
包底
14.5
32.5

2
包底板
14
32

1 表布拼缝组合后，按照表布（正面）、铺棉、里布（反面）的顺序叠放后进行压线，精确修剪，包底用相同方法完成

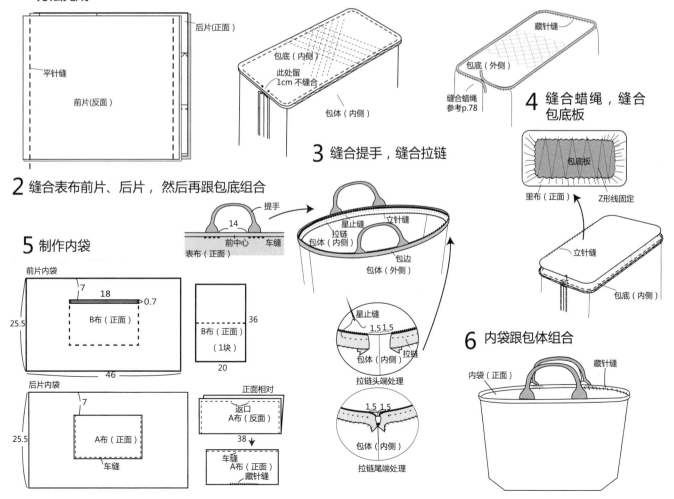

后片(正面)
平针缝
前片(反面)

包底（内侧）
此处留
1cm不缝合
包体（内侧）

藏针缝
包底（外侧）
缝合蜡绳
参考p.78

4 缝合蜡绳，缝合包底板

包底板
里布（正面）　Z形线固定
立针缝
包底（内侧）

2 缝合表布前片、后片，然后再跟包底组合

3 缝合提手，缝合拉链

提手
14
表布（正面）　前中心　车缝

星止缝　立针缝
拉链
包体（内侧）
包边
包体（外侧）

星止缝
1.5 1.5
包体（内侧）　拉链
拉链头端处理

1.5 1.5
包体（内侧）
拉链尾端处理

5 制作内袋

前片内袋
7
18　0.7
B布（正面）
25.5
46

B布（正面）
（1块）
36
20

后片内袋
7
A布（正面）
25.5
车缝

返口
A布（反面）
正面相对
38
车缝
A布（正面）
藏针缝

6 内袋跟包体组合

内袋（正面）　藏针缝

胖嘟嘟小鸡包

◆参见纸型D面

成品尺寸：20cm×8cm×11cm
主要材料：15种左右面料、里布50cm×50cm、20cm拉链1条、铺棉、绣线、珠子、亮片等

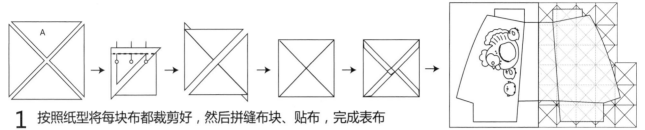

1 按照纸型将每块布都裁剪好，然后拼缝布块、贴布，完成表布

0.7

包边条

包边条

2 按照表布（正面）、铺棉、里布（反面）的顺序叠放后进行压线，精确修剪，然后给两侧边包边。在小鸡眼睛的位置缝上珠子和亮片

拉链（反面）

平针缝

平针缝

星止缝

平针缝

包体（内侧）

0.7

包边

0.7

0.7

平针缝

包边

包底抓角

包底（反面）

3 缝合拉链，包底抓角

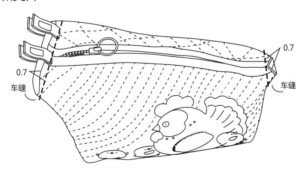

0.7

0.7

车缝

车缝

4 翻回正面，车缝左右两边抓角

5 制作头部、尾部装饰

铺棉

里布（正面）

藏针缝

翻到正面

表布（反面）

头部装饰

绣上装饰图案

铺棉

里布（正面）

藏针缝

翻到正面

表布（反面）

尾部装饰

羊咩咩两用大包

◆ 参见纸型D面

成品尺寸：41cm×16cm×25cm

主要材料：15种左右面料、里布100cm×110cm、40cm拉链1条、15cm拉链1条、磁扣1组、铺棉、绣线、2cm包扣8个、2.4cm包扣1个、提手1组、D环、
蜡绳、嵌条、黏合衬等

制作三角形装饰

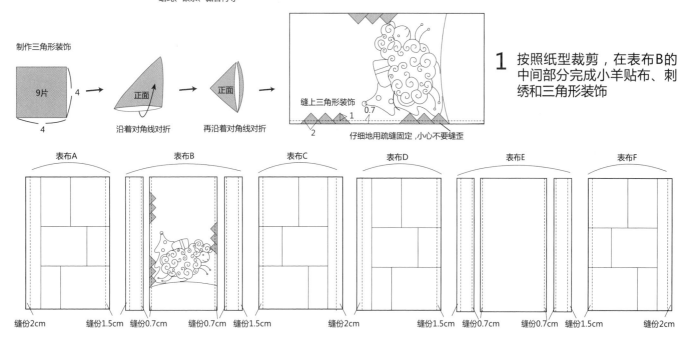

9片

沿着对角线对折　再沿着对角线对折

缝上三角形装饰

仔细地用疏缝固定，小心不要缝歪

1 按照纸型裁剪，在表布B的中间部分完成小羊贴布、刺绣和三角形装饰

表布A　表布B　表布C　表布D　表布E　表布F

缝份2cm　缝份1.5cm　缝份0.7cm　缝份0.7cm　缝份1.5cm　缝份2cm　缝份1.5cm　缝份0.7cm　缝份0.7cm　缝份1.5cm　缝份2cm

2 分别将表布A、B、C、D、E、F拼缝组合后，按照表布（正面）、铺棉、里布（反面）的顺序叠放后进行压线，精确修剪，包底、包盖用相同方法完成

平针缝

两层缝合

2组

翻到正面

皮绳　皮绳

平针缝　抽绳盖布　抽绳盖布

表布F　表布A　表布C　表布D

3 表布A与表布F组合、表布C与表布D组合，然后缝合抽绳盖布

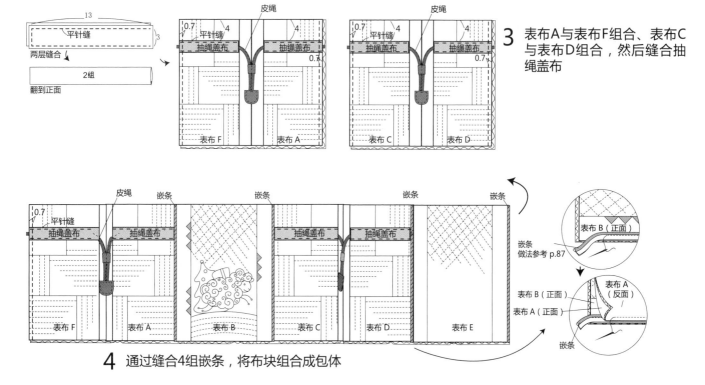

皮绳　嵌条　嵌条　嵌条　嵌条

平针缝　抽绳盖布　抽绳盖布　抽绳盖布　抽绳盖布

表布F　表布A　表布B　表布C　表布D　表布E

嵌条做法参考p.87

表布B（正面）

表布B（正面）

表布A（反面）

表布A（正面）

嵌条

4 通过缝合4组嵌条，将布块组合成包体

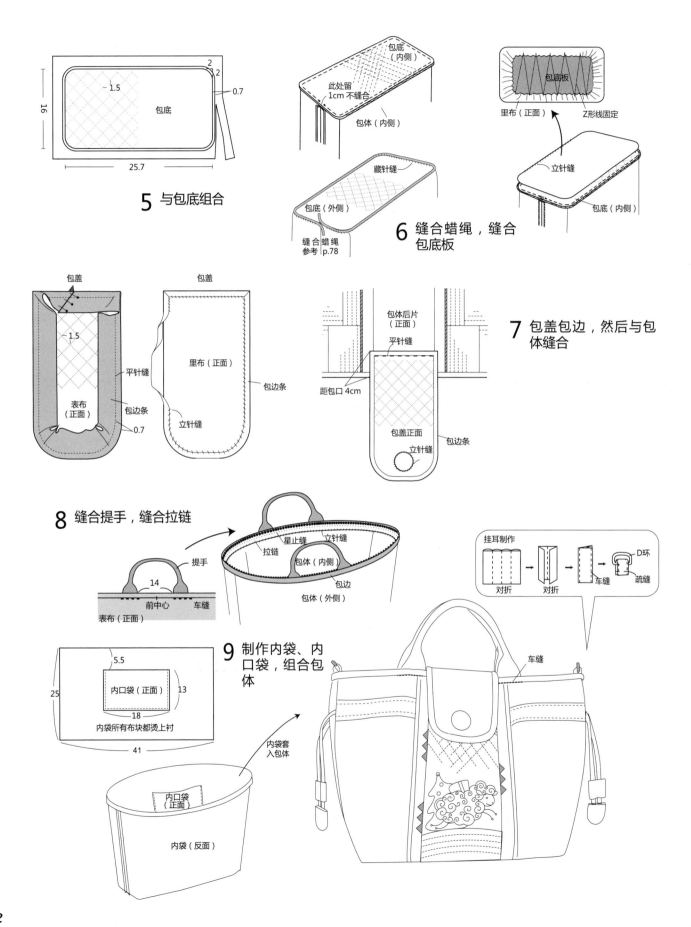

5 与包底组合

16
−1.5
包底
25.7
2
2
0.7

6 缝合蜡绳，缝合
包底板

包底（内侧）
此处留
1cm不缝合
包体（内侧）

藏针缝
包底（外侧）
缝合蜡绳
参考 p.78

包底板
里布（正面）
Z形线固定
立针缝
包底（内侧）

包盖

包盖
−1.5
平针缝
表布（正面）
包边条
立针缝
0.7
里布（正面）
包边条

7 包盖包边，然后与包
体缝合

包体后片（正面）
平针缝
距包口4cm
包盖正面
包边条
立针缝

8 缝合提手，缝合拉链

提手
14
前中心
车缝
表布（正面）

星止缝
立针缝
拉链
包边
包体（内侧）
包体（外侧）

挂耳制作
对折
对折
车缝
疏缝
D环

9 制作内袋、内
口袋，组合包
体

5.5
内口袋（正面）
13
25
18
内袋所有布块都烫上衬
41

内袋套
入包体

内口袋
（正面）
内袋（反面）

车缝

羊咩咩手拿包

◆ 参见纸型B面

成品尺寸：18cm×14cm

主要材料：15种左右面料、里布25cm×30cm、15cm拉链1条、铺棉、绣线、2cm包扣4个、1.2cm包扣4个、珠子、10cm蜡绳等

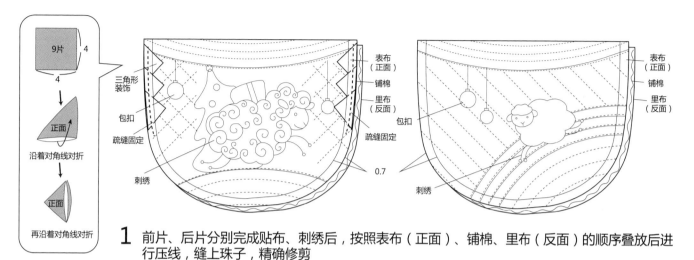

9片

正面

沿着对角线对折

正面

再沿着对角线对折

三角形装饰
包扣
疏缝固定
刺绣

表布（正面）
铺棉
里布（反面）
包扣
疏缝固定
0.7

表布（正面）
铺棉
里布（反面）
刺绣

1 前片、后片分别完成贴布、刺绣后，按照表布（正面）、铺棉、里布（反面）的顺序叠放后进行压线，缝上珠子，精确修剪

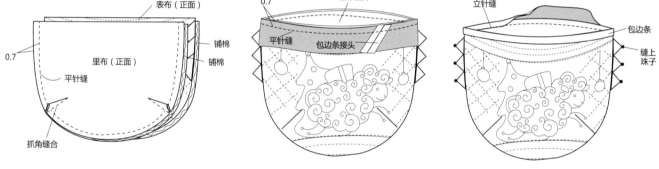

表布（正面）
铺棉
铺棉
里布（正面）
0.7
平针缝
抓角缝合

0.7
包体后片
平针缝
包边条接头

立针缝
包边条
缝上珠子

2 前片、后片分别抓角缝合，然后组合前片、后片

3 包口包边

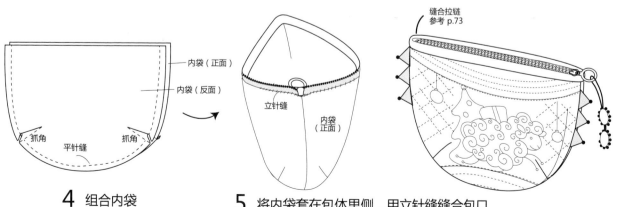

内袋（正面）
内袋（反面）
抓角
平针缝
抓角

立针缝
内袋（正面）

缝合拉链
参考 p.73

4 组合内袋

5 将内袋套在包体里侧，用立针缝缝合包口

松鼠和小熊双肩包

◆ 参见纸型D面

成品尺寸：23cm×27cm×7.5cm

主要材料：15种左右面料、里布50cm×110cm、30cm拉链1条、铺棉、绣线、日字环、D环、织带200cm、网格布等

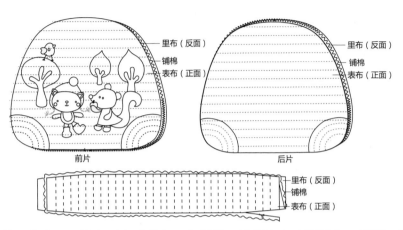

前片 ｜ 里布（反面）｜ 铺棉 ｜ 表布（正面）

后片 ｜ 里布（反面）｜ 铺棉 ｜ 表布（正面）

5 后片（反面） 0.7

疏缝固定网格布

2 制作后片网格布口袋

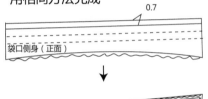

里布（反面）｜ 铺棉 ｜ 表布（正面）

1 前片、后片分别完成贴布、刺绣后，按照表布（正面）、铺棉、里布（反面）的顺序叠放后进行压缝，精确修剪，袋口侧身和底侧身用相同方法完成

0.7

袋口侧身（正面）

袋口侧身（反面） 平针缝

缝合袋口侧身与底侧身

3 缝合袋口拉链

袋口侧身（反面） 立针缝

星止缝

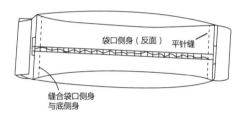

袋口侧身（反面） 立针缝

袋口侧身（反面） 立针缝

底侧身（反面） 立针缝

4 缝合袋口侧身与底侧身

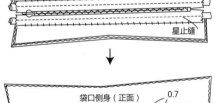

袋口侧身（正面） 0.7

疏缝固定搭扣

铺棉 ｜ 里布（正面）｜ 平针缝 ｜ 表布（反面）｜ 返口

制作搭扣

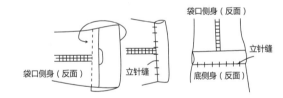

5 组合背带

准备织带：72cm长2根、14cm长2根、12cm长1根

背带 ｜ 日字环 ｜ 3 ｜ 车缝 ｜ D环 ｜ D环

提手

疏缝固定

疏缝固定

6 组合包体

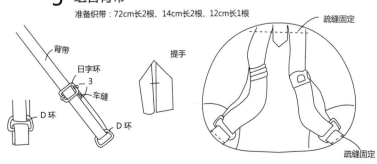

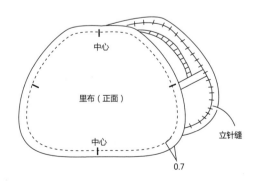

中心 ｜ 里布（正面）｜ 中心 ｜ 立针缝 ｜ 0.7

小木屋斜挎包

◆ 参见纸型E面

成品尺寸：25cm×17cm×9cm

主要材料：10种左右面料、里布50cm×110cm、20cm拉链2条、铺棉、珠子、绿色丝绒缎带、包带等

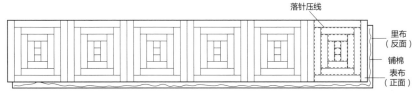

落针压线

里布（反面）

铺棉

表布（正面）

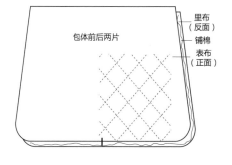

包体前后两片

里布（反面）

铺棉

表布（正面）

1 侧边拼缝完成，按照表布（正面）、铺棉、里布（反面）的顺序叠放后进行压线，前片、后片用相同方法完成。侧边压完线以后的总长度为8.5cm×53cm

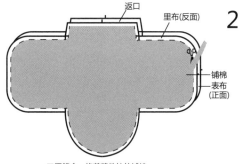

返口

里布（反面）

铺棉

表布（正面）

三层缝合，修剪缝份处的铺棉

2 包盖按照铺棉、里布（反面）、表布（正面）的顺序叠放后，如图所示将它们缝合在一起，然后将表布翻回正面再进行压线

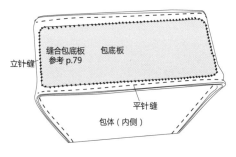

缝合包底板　包底板

参考 p.79

立针缝

平针缝

包体（内侧）

4 组合包体，缝合包底板

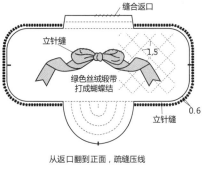

缝合返口

立针缝

1.5

绿色丝绒缎带打成蝴蝶结

0.6

立针缝

从返口翻到正面，疏缝压线

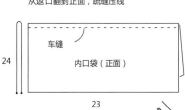

24

车缝

内口袋（正面）

23

3 包盖缝合拉链

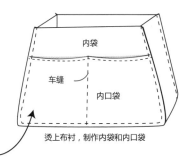

内袋

车缝

内口袋

烫上布衬，制作内袋和内口袋

5 缝合内袋和内口袋

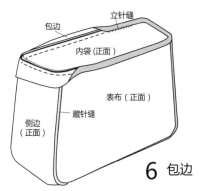

包边

立针缝

内袋（正面）

侧边（正面）

表布（正面）

藏针缝

6 包边

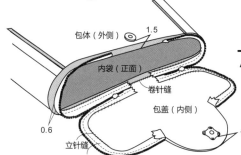

包体（外侧）

1.5

内袋（正面）

卷针缝

包盖（内侧）

0.6

立针缝

拉链（反面）

7 将拉链缝合到包体上

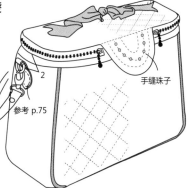

2

手缝珠子

参考 p.75

成品尺寸：21cm×20cm×20cm
主要材料：10种左右面料、里布50cm×110cm、35cm拉链1条、铺棉、珠子、嵌条、包带等

◆ 参见纸型E面

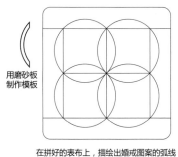

用磨砂板制作模板

在拼好的表布上，描绘出婚戒图案的弧线

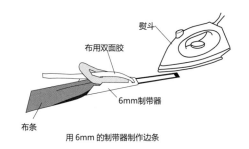

熨斗

布用双面胶

6mm制带器

布条

用6mm的制带器制作边条

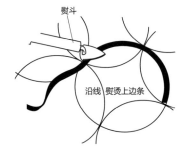

熨斗

沿线 熨烫上边条

1 制作边条，缝至表布上

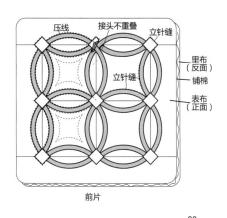

压线　接头不重叠　立针缝

里布（反面）
铺棉
表布（正面）

立针缝

前片

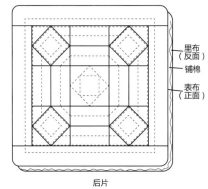

里布（反面）
铺棉
表布（正面）

后片

2 前片和后片拼缝完成，按照表布（正面）、铺棉、里布（反面）的顺序叠放后进行压线，侧边用相同方法完成

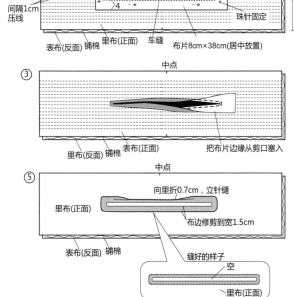

① 80

中点

间隔1cm压线

表布（反面）铺棉　里布（正面）　车缝　布片8cm×38cm（居中放置）

珠针固定

20

② 中点

从中间剪出开口（几层剪透）　剪牙口

③ 中点

里布（反面）铺棉　表布（正面）

把布片边缘从剪口塞入

⑤ 中点

里布（正面）

向里折0.7cm，立针缝

布边修剪到宽1.5cm

表布（反面）铺棉

缝好的样子

空

里布（正面）

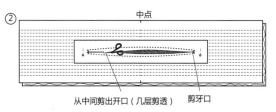

④ 中点

里布（正面）

表布（反面）铺棉

剪掉缝份处铺棉

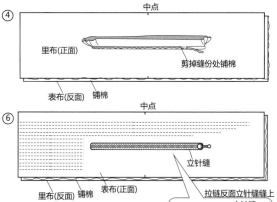

⑥ 中点

里布（反面）铺棉　表布（正面）

立针缝

拉链反面立针缝缝上

立针缝

里布（正面）

3 在侧边上剪出开口，缝合拉链

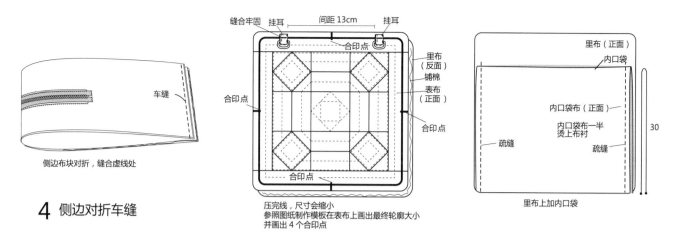

4 侧边对折车缝

车缝

侧边布块对折，缝合虚线处

缝合牢固 挂耳 间距 13cm 挂耳

合印点

里布（反面）

铺棉

表布（正面）

合印点

合印点

合印点

压完线，尺寸会缩小
参照图纸制作模板在表布上画出最终轮廓大小
并画出 4 个合印点

里布（正面）

内口袋

内口袋布（正面）

内口袋布一半
烫上布衬

疏缝 疏缝

30

里布上加内口袋

5 前片上端装上挂耳，里侧装上内袋，后片用相同方法完成

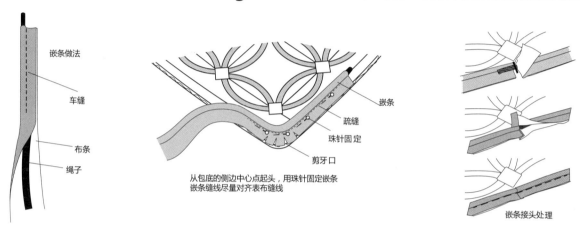

嵌条做法

车缝

布条

绳子

嵌条

疏缝

珠针固定

剪牙口

从包底的侧边中心点起头，用珠针固定嵌条
嵌条缝线尽量对齐表布缝线

嵌条接头处理

6 前片、后片周围一圈缝合嵌条

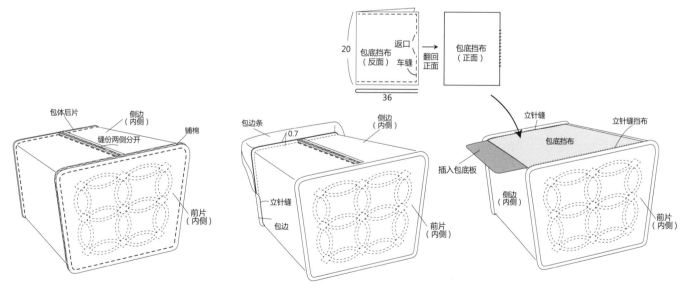

20

包底挡布（反面）

返口

车缝

翻回正面

包底挡布（正面）

36

立针缝

包底挡布

立针缝挡布

插入包底板

侧边（内侧）

前片（内侧）

包体后片

侧边（内侧）

铺棉

缝份两侧分开

前片（内侧）

包边条 0.7

侧边（内侧）

立针缝

包边

前片（内侧）

7 组合包体

8 缝合包底挡布并插入包底板

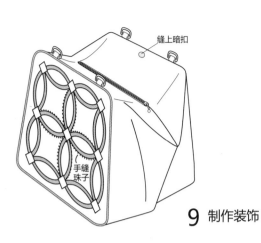

缝上暗扣

手缝珠子

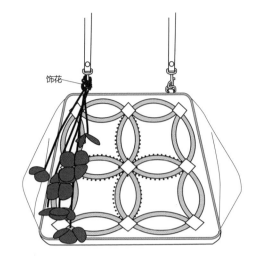

饰花

9 制作装饰

p.29 摩登女郎钱包

◆ 参见纸型E面

成品尺寸：20cm×10cm×1.5cm
主要材料：7种左右面料、钱包内芯1个、珠子、铺棉等

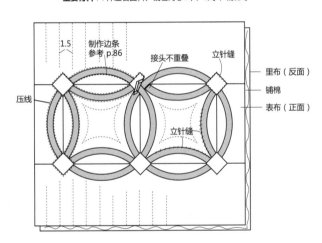

1.5
制作边条
参考 p.86
接头不重叠
立针缝
里布（反面）
铺棉
表布（正面）
压线
立针缝

1 表布拼缝完成，按照表布（正面）、铺棉、里布（反面）的顺序叠放后进行压线

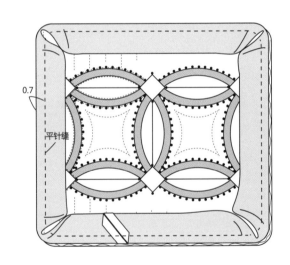

0.7
平针缝

2 按照纸型修剪出最终大小，然后进行包边

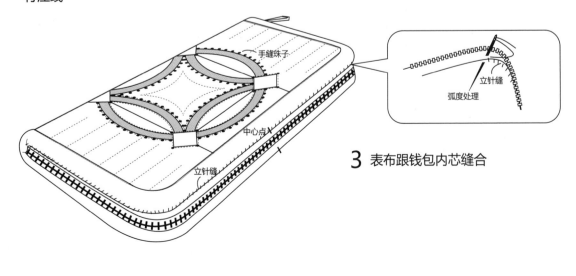

手缝珠子
中心点
立针缝
立针缝
弧度处理

3 表布跟钱包内芯缝合

娇澜化妆包

◆ 参见纸型C面

成品尺寸：13cm×13cm×5cm
主要材料：8种左右面料、里布50cm×50cm、珠子、亮片、绣线、花边、30cm拉链1条、铺棉等

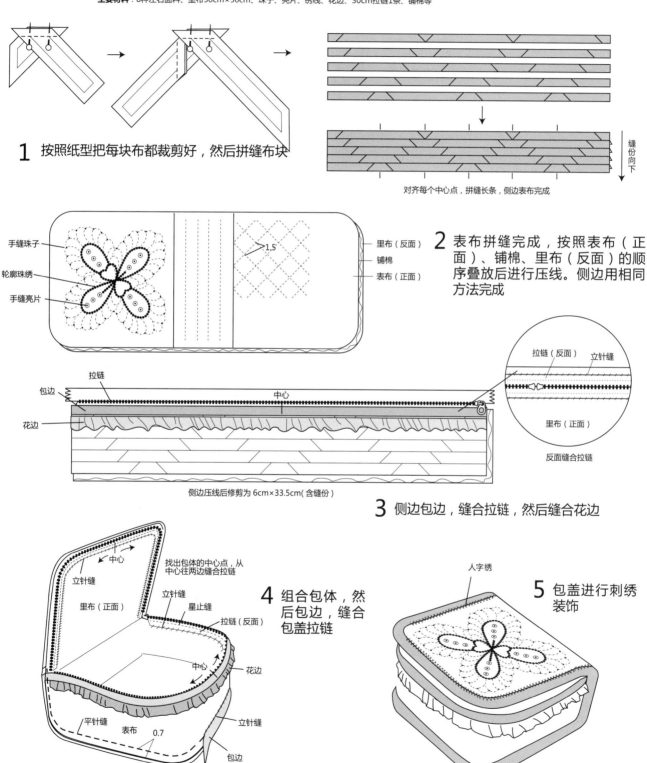

1 按照纸型把每块布都裁剪好，然后拼缝布块

缝份向下

对齐每个中心点，拼缝长条，侧边表布完成

手缝珠子
轮廓珠绣
手缝亮片

里布（反面）
铺棉
表布（正面）

1.5

2 表布拼缝完成，按照表布（正面）、铺棉、里布（反面）的顺序叠放后进行压线。侧边用相同方法完成

拉链（反面）　立针缝

里布（正面）

反面缝合拉链

拉链
包边
花边
中心

侧边压线后修剪为6cm×33.5cm(含缝份)

3 侧边包边，缝合拉链，然后缝合花边

中心
立针缝
里布（正面）
立针缝
星止缝
拉链（反面）
中心
花边
平针缝
表布
0.7
立针缝
包边

找出包体的中心点，从中心往两边缝合拉链

4 组合包体，然后包边，缝合包盖拉链

人字绣

5 包盖进行刺绣装饰

成品尺寸：13cm×13cm×5cm

主要材料：8种左右面料、里布50cm×50cm、珠子、绣线、花边、30cm拉链1条、铺棉等

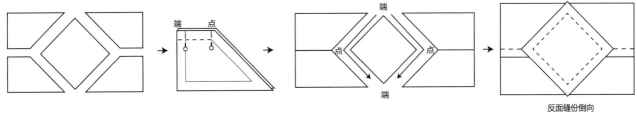

端　点

端

点　点

端

反面缝份倒向

1 按照纸型把每块布都裁剪好，然后拼缝布块

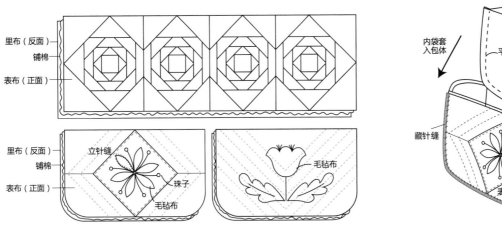

里布（反面）

铺棉

表布（正面）

里布（反面）

铺棉

表布（正面）

立针缝

珠子

毛毡布

毛毡布

内袋套入包体

平针缝

内袋（正面）

内袋（反面）

藏针缝

表布（反面）

表布（正面）

侧边（正面）

2 前片、后片拼缝完成，按照表布（正面）、铺棉、里布（反面）的顺序叠放后进行压线。侧边用相同方法完成

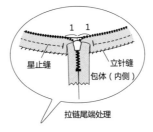

1　1

星止缝

立针缝

包体（内侧）

拉链尾端处理

3 内袋缝合好后套入包体内

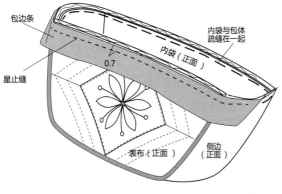

包边条

星止缝

0.7

内袋（正面）

内袋与包体疏缝在一起

表布（正面）

侧边（正面）

4 包口包边

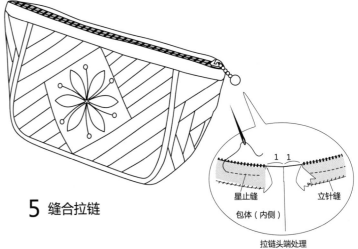

1　1

星止缝

立针缝

包体（内侧）

拉链头端处理

5 缝合拉链

◆ 参见纸型F面

娇澜钱包

成品尺寸：20cm×10cm×1.5cm
主要材料：8种左右面料、里布25cm×25cm、钱包内芯1个、绣线、铺棉等

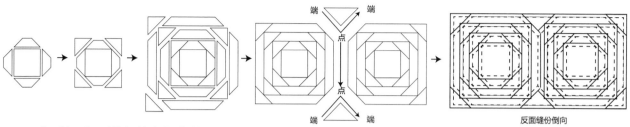

端　端

点

点

端　端

反面缝份倒向

1 按照纸型将每块布都裁剪好，然后拼缝布块

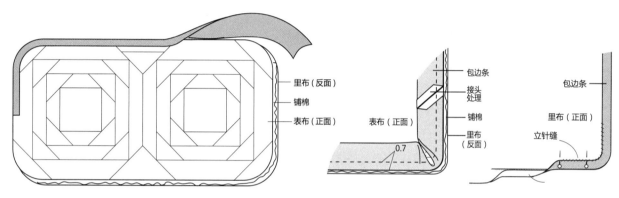

里布（反面）
铺棉
表布（正面）

包边条
接头处理
表布（正面）　铺棉　里布（反面）
0.7

包边条
里布（正面）
立针缝

2 包盖拼缝完成，按照表布（正面）、铺棉、里布（反面）的顺序叠放后进行压线。包体用相同方法完成

3 包边

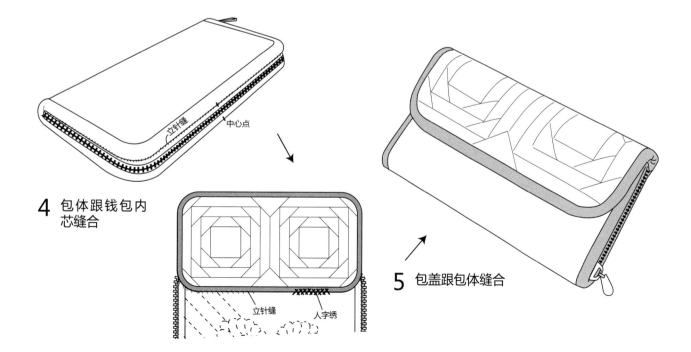

立针缝　中心点

4 包体跟钱包内芯缝合

立针缝　人字绣

5 包盖跟包体缝合

复古娃娃手提包

◆ 参见纸型E面

成品尺寸：36cm×15.5cm×9cm

主要材料：8种左右面料、里布50cm×110cm、35cm拉链1条、2cm包扣4个、提手1组、铺棉、扣子、花边等

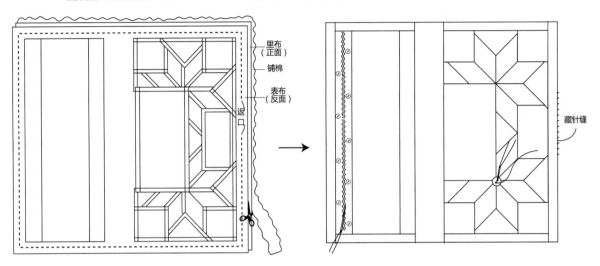

里布（正面）
铺棉
表布（反面）
返口
藏针缝

1 按照表布（反面）、里布（正面）、铺棉的顺序叠放后，如图所示将它们缝合在一起，然后将表布翻过来再进行压线。侧边用相同方法完成

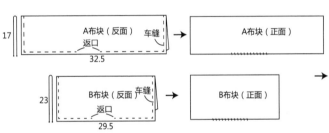

17
A布块（反面）　车缝
返口
32.5
→
A布块（正面）

23
B布块（反面）　车缝
返口
29.5
→
B布块（正面）

插入包底板
立针缝
立针缝
4
星止缝
A布块
里布（正面）
B布块
2.5

2 A布块与B布块缝合到包体的相应位置

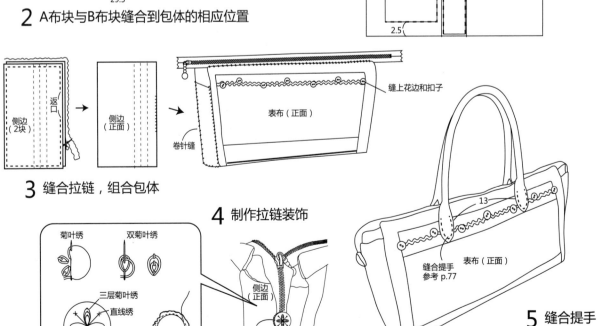

侧边（2块）
返口
侧边（正面）
缝上花边和扣子
表布（正面）
卷针缝

3 缝合拉链，组合包体

4 制作拉链装饰

菊叶绣　　双菊叶绣
三层菊叶绣
直线绣
轮廓绣
侧边（正面）
藏针缝

13
缝合提手
参考 p.77
表布（正面）

5 缝合提手

p.36 **复古娃娃钱包**

• 参见纸型E面

成品尺寸：20cm×10cm×1.5cm

主要材料：15种左右面料、里布25cm×25cm、钱包内芯1个、花边、扣子、铺棉等

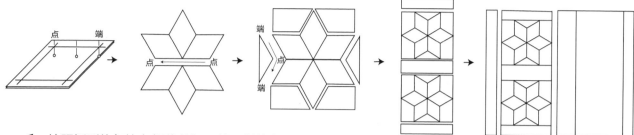

1 按照纸型将每块布都裁剪好，然后拼缝布块

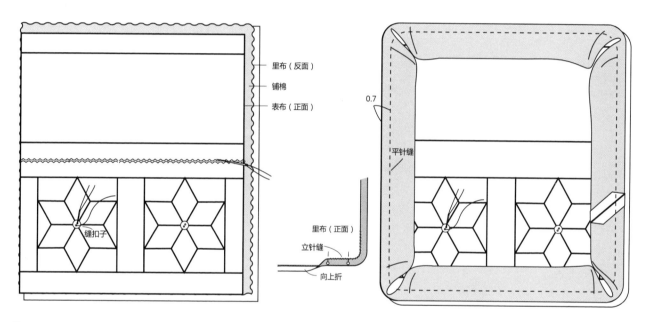

2 表布拼缝完成后，按照表布（正面）、铺棉、里布（反面）的顺序叠放后进行压线

3 按照纸型修剪出最终大小，然后进行包边

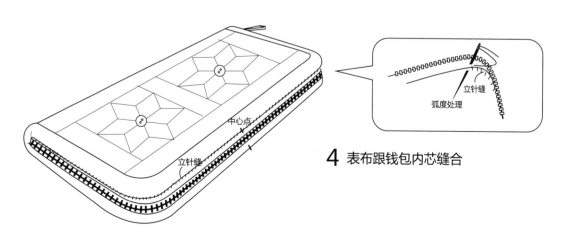

4 表布跟钱包内芯缝合

p.38 北欧小鸟工具包

成品尺寸：18cm×18cm×5cm

主要材料：15种左右面料、里布20cm×35cm、50cm双开拉链1条、15cm单开拉链1条、网格布、铺棉、暗扣1组、扣子、不织布、绣线等

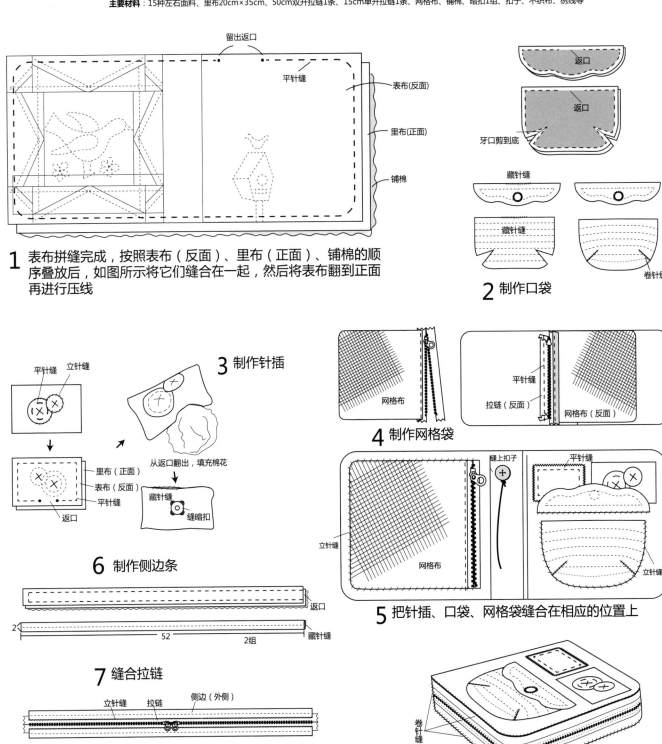

1 表布拼缝完成，按照表布（反面）、里布（正面）、铺棉的顺序叠放后，如图所示将它们缝合在一起，然后将表布翻到正面再进行压线

2 制作口袋

3 制作针插

从返口翻出，填充棉花

4 制作网格袋

5 把针插、口袋、网格袋缝合在相应的位置上

6 制作侧边条

7 缝合拉链

8 组合包体

p.40 林之鸟手拎包

◆ 参见纸型C面

成品尺寸：35cm×17cm×15cm
主要材料：20种左右面料、里布50cm×110cm、40cm拉链1条、15cm拉链1条、提手1组、花边、铺棉等

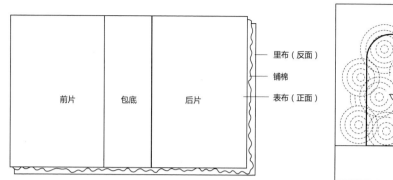

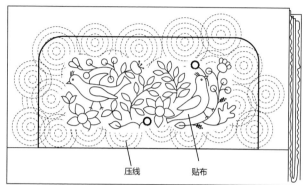

1 前片、包底、后片表布分别完成后，按照表布（正面）、铺棉、里布（反面）的顺序叠放后进行压线。侧边用相同方法完成

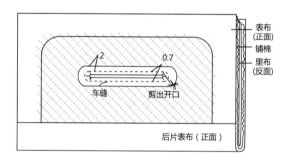

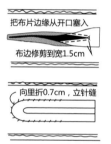

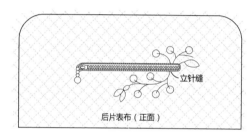

2 在后片上剪出开口，拉链缝合方法参考p.86，内袋布的缝合方法参考p.77

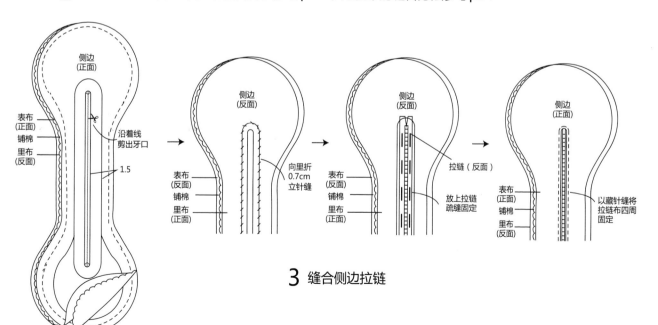

3 缝合侧边拉链

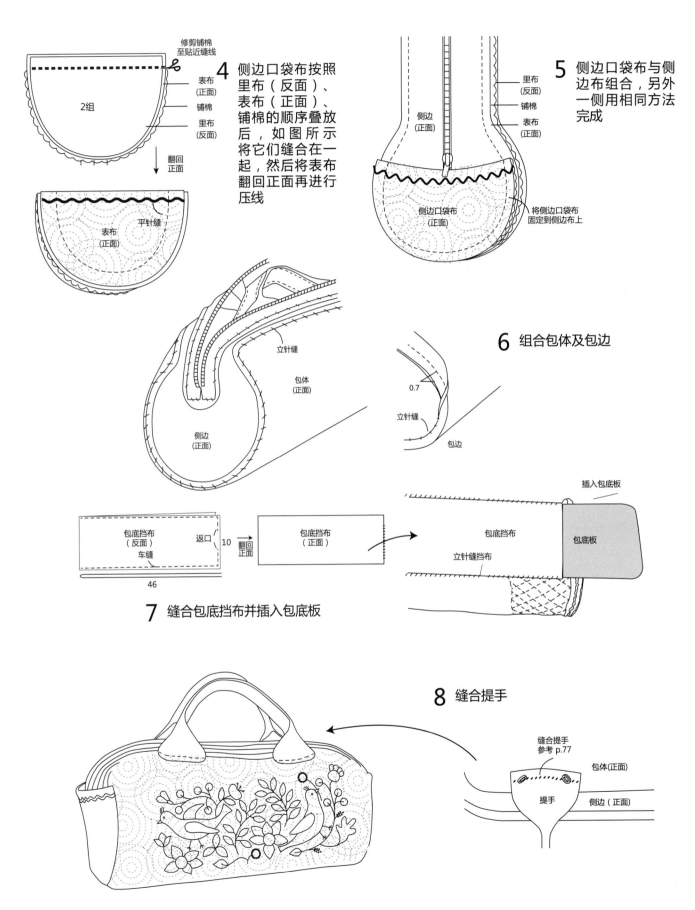

4 侧边口袋布按照里布（反面）、表布（正面）、铺棉的顺序叠放后，如图所示将它们缝合在一起，然后将表布翻回正面再进行压线

修剪铺棉至贴近缝线

表布（正面）

铺棉

里布（反面）

2组

翻回正面

平针缝

表布（正面）

5 侧边口袋布与侧边布组合，另外一侧用相同方法完成

里布（反面）

铺棉

表布（正面）

侧边（正面）

侧边口袋布（正面）

将侧边口袋布固定到侧边布上

立针缝

包体（正面）

侧边（正面）

6 组合包体及包边

0.7

立针缝

包边

包底挡布（反面）

返口

车缝

翻回正面

10

46

包底挡布（正面）

插入包底板

包底挡布

立针缝挡布

包底板

7 缝合包底挡布并插入包底板

8 缝合提手

缝合提手参考 p.77

包体（正面）

提手

侧边（正面）

96

参见纸型F面

p.42 珠绣花鸟手拎包

成品尺寸：28cm×15cm×13cm
主要材料：8种左右面料、里布50cm×110cm、25cm拉链2条、绣线、珠子、亮片、铺棉、提手1组、2cm包扣2个、蜡绳等

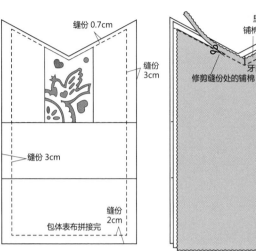

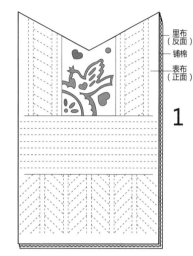

缝份 0.7cm
缝份 3cm
缝份 3cm
缝份 2cm
包体表布拼接完

表布（正面）
里布（反面）
铺棉
修剪缝份处的铺棉
牙口
平针缝

里布（反面）
铺棉
表布（正面）

1 包体、包盖按照铺棉、里布（反面）、表布（正面）的顺序叠放后，如图所示将它们缝合在一起，然后将表布翻回正面再进行压线，包盖用相同方法完成

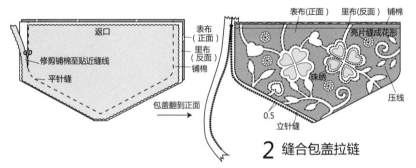
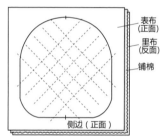

返口
修剪铺棉至贴近缝线
平针缝
表布（正面）
里布（反面）
铺棉
包盖翻到正面

表布（正面）　里布（反面）　铺棉
亮片缝成花形
珠绣
压线
0.5
立针缝

2 缝合包盖拉链

表布（正面）
里布（反面）
铺棉
侧边（正面）

3 侧边按照表布（正面）、铺棉、里布（反面）的顺序叠放后进行压线

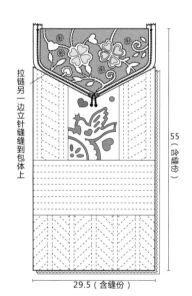
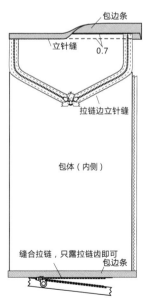
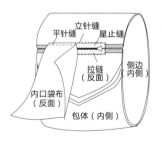
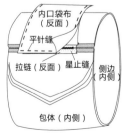

拉链另一边立针缝缝到包体上
55（含缝份）
29.5（含缝份）

4 包体缝合拉链

包边条
立针缝
0.7
拉链边立针缝
包体（内侧）
缝合拉链，只露拉链齿即可
包边条

5 上下两端包边，下端缝上内口袋拉链

平针缝
立针缝
星止缝
拉链（反面）
侧边（内侧）
内口袋布（反面）
包体（内侧）

内口袋布（反面）
平针缝
拉链（反面）
星止缝
侧边（内侧）
包体（内侧）

6 组合内口袋

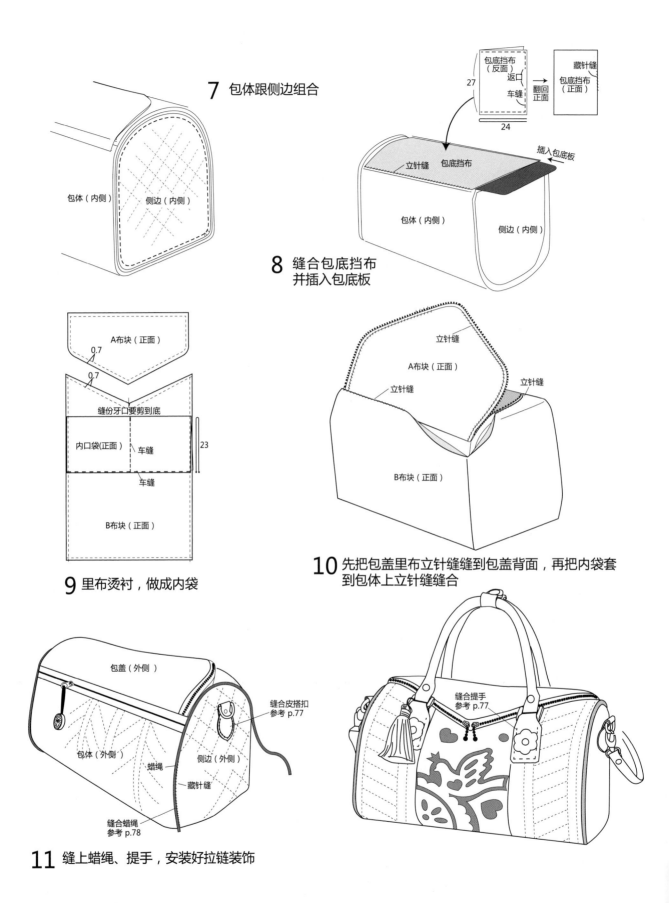

7 包体跟侧边组合

包体（内侧）　侧边（内侧）

包底挡布（反面）　返口　27　车缝　24

翻回正面

藏针缝　包底挡布（正面）

插入包底板

立针缝　包底挡布

包体（内侧）　侧边（内侧）

8 缝合包底挡布
并插入包底板

A布块（正面）

0.7

0.7

缝份牙口要剪到底

内口袋(正面)　车缝　23

车缝

B布块（正面）

9 里布烫衬，做成内袋

立针缝

A布块（正面）

立针缝　立针缝

B布块（正面）

10 先把包盖里布立针缝缝到包盖背面，再把内袋套
到包体上立针缝缝合

包盖（外侧）

缝合皮搭扣
参考 p.77

包体（外侧）　侧边（外侧）

蜡绳

藏针缝

缝合蜡绳
参考 p.78

11 缝上蜡绳、提手，安装好拉链装饰

缝合提手
参考 p.77

p.43 珠绣花鸟小包

◆ 参见纸型F面

成品尺寸：17cm×8cm×5cm
主要材料：5种左右面料、里布25cm×50cm、15cm拉链1条、绣线、D环、珠子、亮片、铺棉等

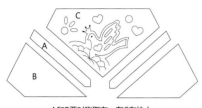

A和B要对称取布，在C布块上
用水消笔绘上图案

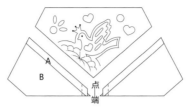

按照顺序先拼接A和B，做2组

再和中间的部分拼接

1 按照纸型将每块布都裁剪好，然后拼缝布块

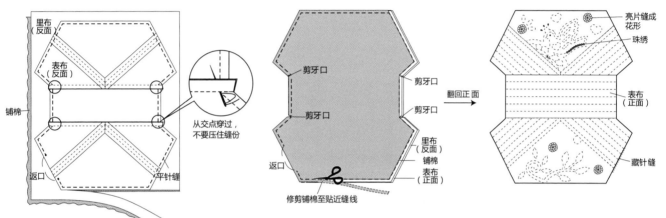

2 按照铺棉、里布（反面）、表布（正面）的顺序叠放后，如图所示将它
们缝合在一起，然后将表布翻回正面再进行压线

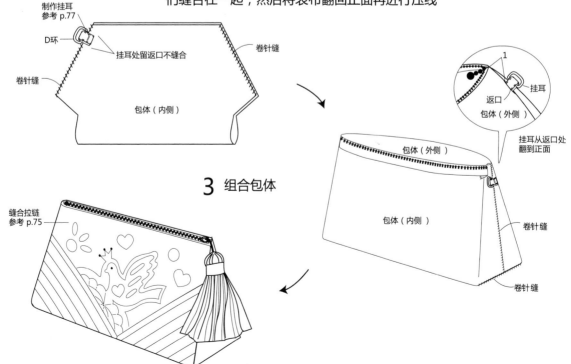

3 组合包体

99

紫色小苏化妆包

◆ 参见纸型C面

成品尺寸：24cm×12cm×10cm
主要材料：15种左右面料、里布25cm×100cm、40cm双开拉链1条、绣线、网格布、提手1组、铺棉、嵌条等

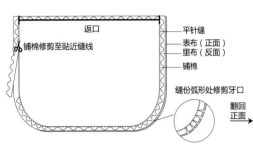
返口
铺棉修剪至贴近缝线
平针缝
表布（正面）
里布（反面）
铺棉
缝份弧形处修剪牙口
翻回正面

包盖（正面）

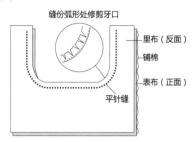
缝份弧形处修剪牙口
里布（反面）
铺棉
表布（正面）
平针缝

1 包盖按照铺棉、里布（反面）、表布（正面）的顺序叠放后，如图所示将它们缝合在一起，然后将表布翻回正面再进行压线。U形布块用相同方法完成

表布（正面）
里布（反面）
铺棉

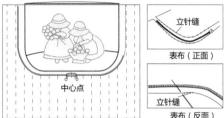
中心点
立针缝
表布（正面）
立针缝
表布（反面）

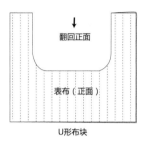
翻回正面
表布（正面）
U形布块

2 后片按照表布（正面）、铺棉、里布（反面）的顺序叠放后进行压线

3 在包盖和U形布块上缝合拉链

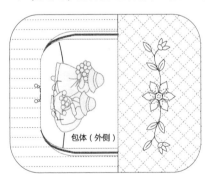
包体（外侧）

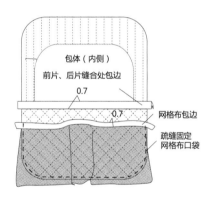
包体（内侧）
前片、后片缝合处包边
0.7
0.7
网格布包边
疏缝固定网格布口袋

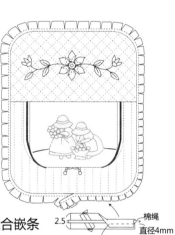

4 前片与后片拼缝

5 包边

6 缝合嵌条
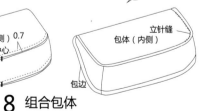
2.5
棉绳
直径4mm

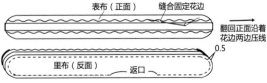
里布（反面）
表布（正面）
铺棉

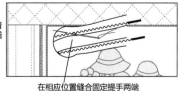
包体（内侧）0.7
中心
包边
立针缝
包体（内侧）
包边

8 组合包体

7 侧边按照表布（正面）、铺棉、里布（反面）的顺序叠放后进行压线

表布（正面）
缝合固定花边
翻回正面沿着花边两边压线
0.5
里布（反面）
返口

在相应位置缝合固定提手两端

9 缝合提手

手提花篮工具包

◆ 参见纸型B面

成品尺寸：22cm×22cm×18cm
主要材料：15种左右面料、里布50cm×110cm、花边、绣线、铺棉、蜡绳等

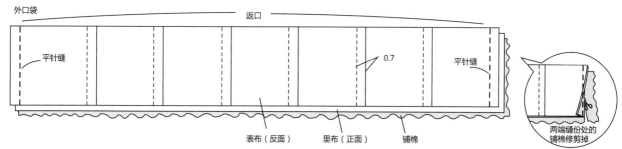

1 外口袋拼缝后，按照表布（反面）、里布（正面）、铺棉的顺序叠放，如图所示将它们缝合在一起，然后将表布翻过来再进行压缝

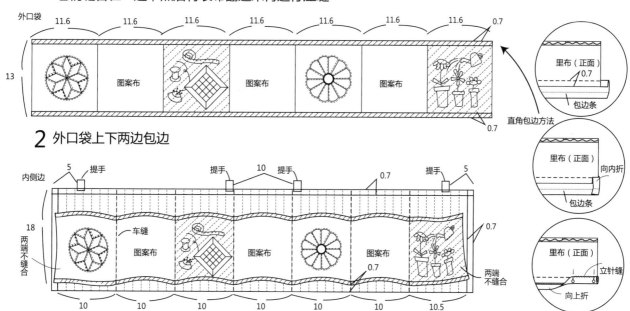

2 外口袋上下两边包边

3 内侧边按照表布（正面）、铺棉、里布（反面）的顺序叠放后进行压线，然后把外口袋固定到内侧边上

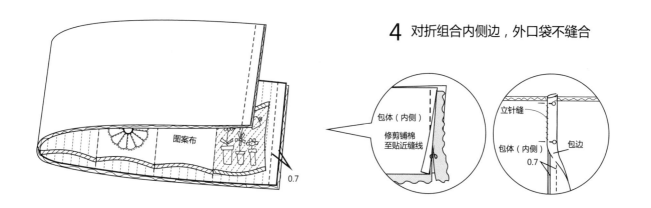

4 对折组合内侧边，外口袋不缝合

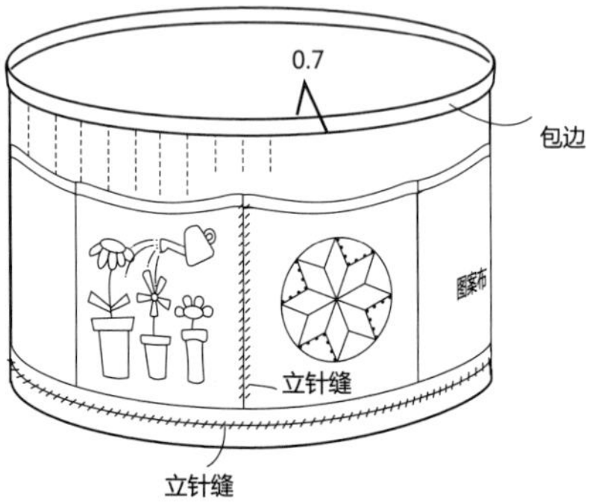

0.7
包边
图案布
立针缝
立针缝

6 内侧边上端包边，外口袋下端立针缝至内边下端

5 包底按照表布（正面）、铺棉、里布（反面）的顺序叠放后进行压线

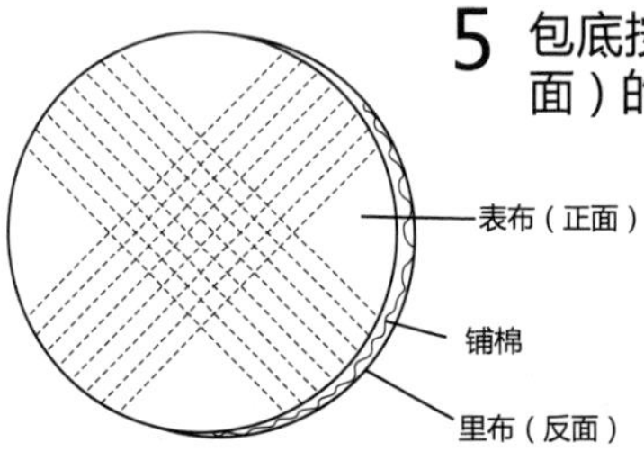

表布（正面）
铺棉
里布（反面）

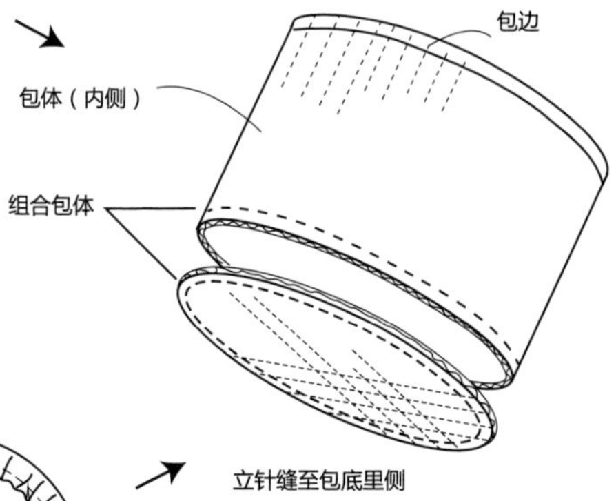

包边
包体（内侧）
组合包体
立针缝至包底里侧

8 组合包体及包边

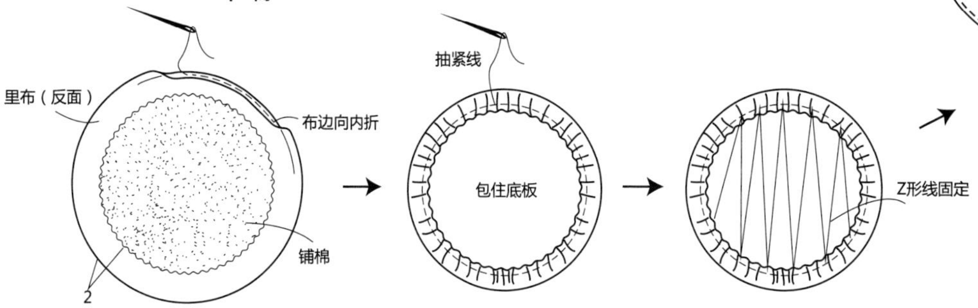

里布（反面）
布边向内折
铺棉
2
抽紧线
包住底板
Z形线固定

7 制作包底板

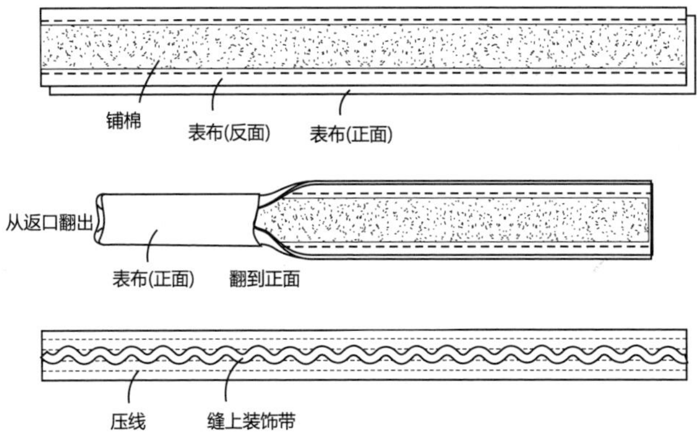

铺棉
表布(反面)
表布(正面)
从返口翻出
表布(正面)
翻到正面
压线
缝上装饰带

10 制作提手

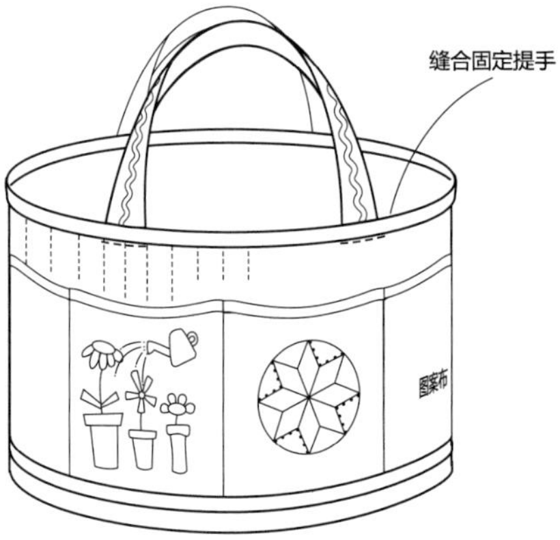

缝合固定提手
图案布

9 提手缝合到包体上

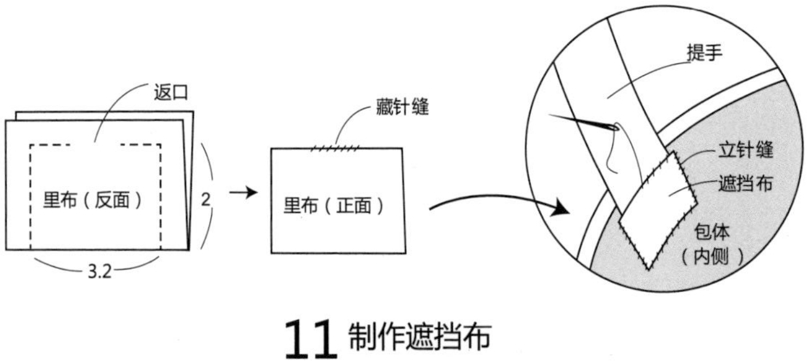

返口
里布（反面）
2
3.2
藏针缝
里布（正面）
提手
立针缝
遮挡布
包体
（内侧）

11 制作遮挡布

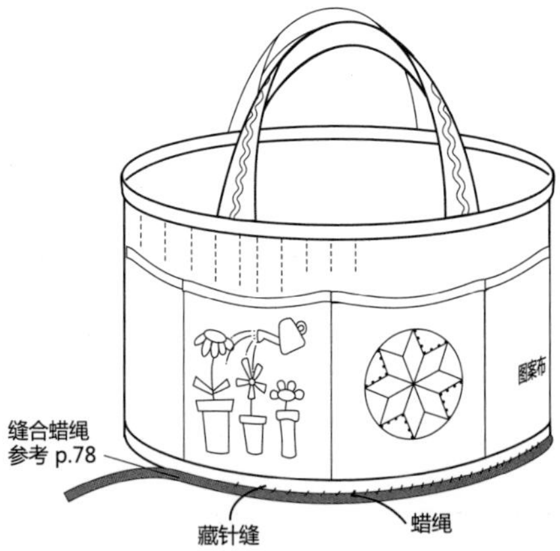

图案布
缝合蜡绳
参考 p.78
藏针缝
蜡绳

紫色单肩大包

◆ 参见纸型F面

成品尺寸：40cm×26cm×13cm

主要材料：15种左右面料、里布50cm×110cm、40cm拉链1条、20cm拉链1条、绣线、装饰花朵、提手1组、铺棉等

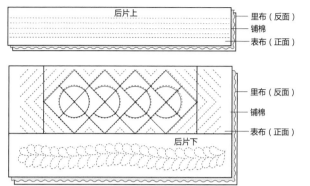

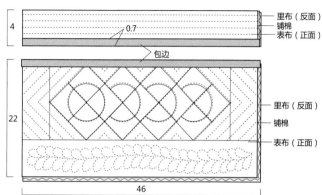

1 后片上、后片下按照表布（正面）、铺棉、里布（反面）的顺序叠放后进行压线，前片用相同方法完成

2 后片压完线后按照尺寸精准修剪，然后包边

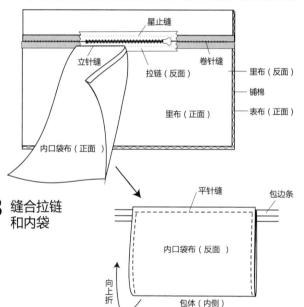

3 缝合拉链和内袋

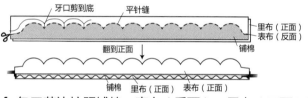

4 包口花边按照铺棉、表布（反面）、里布（正面）的顺序叠放后，将它们缝合在一起，然后将表布翻过来再进行压线

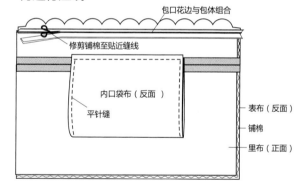

5 包口花边分别与前片、后片组合

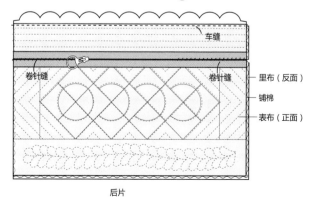

后片

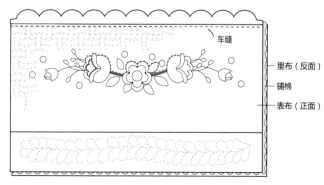

前片

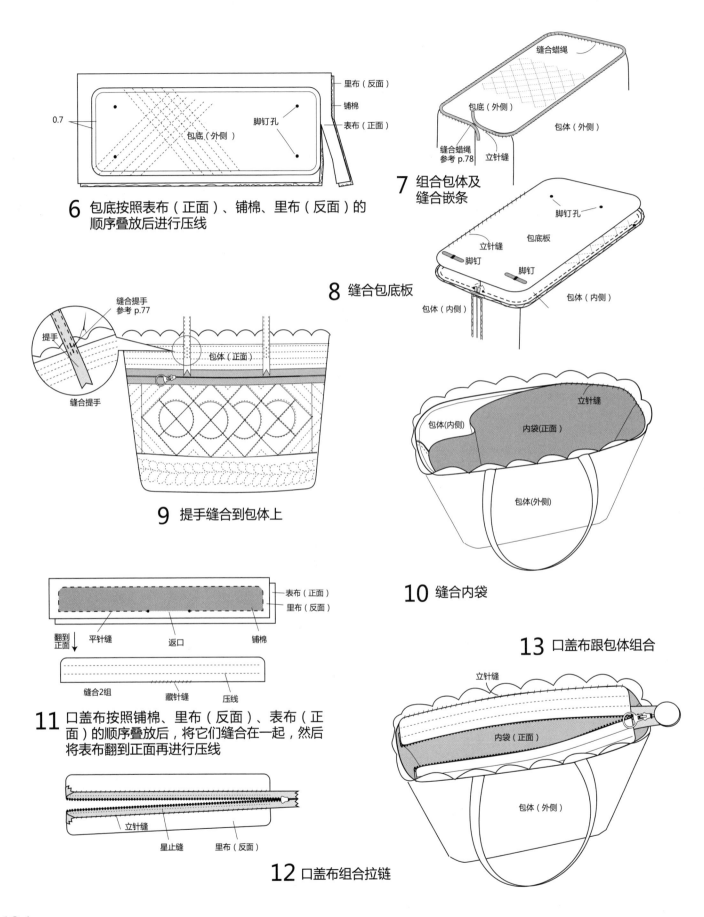

里布（反面）

铺棉

脚钉孔

表布（正面）

0.7

包底（外侧）

6 包底按照表布（正面）、铺棉、里布（反面）的顺序叠放后进行压线

缝合蜡绳

包底（外侧）

包体（外侧）

缝合蜡绳参考 p.78

立针缝

7 组合包体及缝合嵌条

脚钉孔

立针缝

包底板

脚钉

脚钉

包体（内侧）

8 缝合包底板

缝合提手参考 p.77

提手

包体（正面）

缝合提手

9 提手缝合到包体上

立针缝

包体(内侧)

内袋(正面)

包体(外侧)

10 缝合内袋

表布（正面）

里布（反面）

翻到正面

平针缝

返口

铺棉

缝合2组

藏针缝

压线

11 口盖布按照铺棉、里布（反面）、表布（正面）的顺序叠放后，将它们缝合在一起，然后将表布翻到正面再进行压线

13 口盖布跟包体组合

立针缝

内袋（正面）

包体（外侧）

立针缝

星止缝

里布（反面）

12 口盖布组合拉链